AF525759

Wertebasiertes ESG

Unternehmensethik im 21. Jahrhundert

*„Was wir heute tun,
entscheidet darüber, wie
die Welt morgen
aussieht."*

Marie von Ebner-Eschenbach

Herausgegeben von:

Rainer Dunkel und Frank H. Sauer

Initiiert durch:

EUWEA

Europäische Werte Akademie
gUG (haftungsbeschränkt)

in Zusammenarbeit mit:

VALUES ACADEMY.

Gefördert von:

Bundesministerium
für Wirtschaft
und Klimaschutz

Europäische
Union

Zusammen.
Zukunft.
Gestalten.

Dieses Buch wird vom Projekt „values matter“ im Rahmen des Programms „Zusammen. Zukunft. Gestalten.“ durch das „Bundesministerium für Wirtschaft und Klimaschutz“ und dem „Europäischen Sozialfonds“ gefördert.
www.valuesmatter.de

Die Deutsche Nationalbibliothek verzeichnet diese Publikation in der Deutschen Nationalbibliografie; detaillierte bibliografische Daten sind im Internet über dnb.d-nb.de abrufbar.

Herausgeber: Rainer Dunkel und Frank H. Sauer

Ausgabedatum: 1. Auflage / 3. Oktober 2023

Ausgabeort: Hürth (Köln)

Verlag: Intuistik-Verlag (Bereich der DA VINCI 3000 GmbH)

Umschlaggestaltung: Judith Lindemann, Franka Milani

Druck: WIRmachenDRUCK GmbH, D-71522 Backnang

ISBN: 978-3947672110

Inhaltsverzeichnis

Abbildungsverzeichnis

Vorwort

Bevor wir uns in diesem sachlichen Buch mit dem durchaus trockenen Thema ESG beschäftigen, wollen wir hier einen kleinen philosophischen Ausflug machen, der aufzeigen soll, worum es dabei im wahrlich Großen und Ganzen geht.

Unsere Welt dreht sich gefügig immer weiter. Voraussichtlich noch ein paar Milliarden Jahre. Währenddessen haben wir Menschen uns die Erde zunächst idiomatisch und seit der Industrialisierung gewaltig „untertan" gemacht. So stand es geschrieben[1], so war es geschehen.

Eine deutsche Band[2], dessen Songtexte humoristischer und daneben auch philosophischer Natur sind, besingt in ihrem Titel „MFG" recht treffend:

***„Die Welt liegt uns zu Füßen, denn wir steh'n drauf.
Wir gehen drauf für ein Leben voller Schall und Rauch. Bevor wir fallen, fallen wir lieber auf."***

Die gesprochene Präambel zum Song lautet:

„Nun, da sich der Vorhang der Nacht von der Bühne hebt, kann das Spiel beginnen, das uns vom Drama einer Kultur berichtet."

Zusammenfassend kann man daraus die Frage folgern: Der Mensch hat sich zivilisiert und technologisiert, aber ist er auch gesamtheitlich kultiviert?

Die Menschheit hat als intelligentes Kollektiv ihr Schicksal seit ihrer Existenz auf dieser Erde zum großen Teil selbst in der Hand. Histo-

[1] Aus der Lutherbibel: „Und Gott segnete sie und sprach zu ihnen: Seid fruchtbar und mehret euch und füllet die Erde und machet sie euch untertan und herrschet über die Fische im Meer und über die Vögel unter dem Himmel und über alles Getier, das auf Erden kriecht." (1. Mose 1,28)

[2] „MfG – Mit freundlichen Grüßen" ist ein Lied der deutschen Hip-Hop-Gruppe „Die Fantastischen Vier"; Quelle: https://de.wikipedia.org/wiki/MfG_%E2%80%93_Mit_freundlichen_Gr%C3%BC%C3%9Fen

risch betrachtet ist das Spannungsfeld dabei groß. Auf der einen Seite erleben wir Lebensqualität in Partylaune, Konsumfreude, Erfindergeist, Reiselust und dem Nutzen einer Fülle von Ressourcen. Und auf der anderen Seite entfachen wir territoriale Kriege, lösen Flüchtlingsströme aus und dulden Hungersnöte und Ausgrenzung von Andersdenkenden. Hinzu kommen Klimakatastrophen und Killerviren als bekannte Szenarien, die bisher viele Millionen das Leben kosteten.

Schafft sich die Menschheit selbst ab? Gemäß dem Motto: „Nach mir die Sintflut!" Oder wollen wir Lebensqualität neu denken? Nachhaltig, naturbelassen, verantwortlich, demütig, neugierig, genügsam, achtsam, weitsichtig und vor allem tolerant und interdisziplinär – also eine Art Hyperintelligenz.

Ob der Klimawandel menschengemacht ist oder nicht, spielt nur eine untergeordnete Rolle. Wenn wir unsere Weisheit und Innovation dafür nutzen wollen, um unsere Heimat und Mutter Erde zu schützen, sollten wir keine politischen und polarisierenden Diskussionen führen, sondern gemeinsam ausklügeln, was es nun zu tun gibt, um unseren Planeten zu erhalten und soziale Gemeinschaften lebenswert für alle zu gestalten.

Dazu sind neben den unmittelbar mit ESG verbundenen Werten[3] wie Nachhaltigkeit, Toleranz, Weitsicht, Innovation, Kreativität und Verantwortung, auch Nächstenliebe, Interesse, Achtsamkeit, Demut, Entscheidungsfreude, Pragmatismus und insbesondere Willenskraft wichtig.

Wir wollen hier aufzeigen, was ESG ist, welche Rolle(n) es spielt und was dieses konstruktive Konzept bewirken kann beim ernsthaften Versuch, unser aller Zuhause zu beschützen. Dies wollen wir mit Bewusstsein schaffender „Wertearbeit" verknüpfen.

Wenn wir zunächst lernen, unsinnige, energiefressende, lärmende und destruktive (ineffiziente) Produkte wie Staubsauger, Föhne, Wäschetrockner, Kehrmaschinen, Laubsauger & Co abzuschaffen, könnten

---

[3] Hinweis: Wir haben im Verlaufe dieses Buches den einzelnen Bereichen bzw. den jeweils geforderten Umsetzungskriterien bestimmte Werte und Wertesysteme zugeordnet.

wir eine neue „gutbürgerliche" Klugheit etablieren, um in Folge das Große und Ganze zu sehen, das fürs Gesamtgesellschaftliche notwendig und wichtig ist. Und auch sollten wir dabei lernen, lustgetriebene Aktivitäten wie sinnloses Autofahren und Flugreisen solange einzuschränken, bis effizientere Wege der Fortbewegung gefunden wurden.

Wenn die Erde tatsächlich unser Untertan ist, sollten wir dafür sorgen, dass sie voller Wunder ist und bleibt. Und für sie Verantwortung übernehmen. Wie das mit dem konsequenten Umsetzen der ESG-Maßnahmen gehen kann, wollen wir in diesem Buch beleuchten.

ESG kann aus unserer Sicht eine auch ökonomisch evolutionär wichtige Initiative sein, die statt „Greenwashing", „Greenmaking" ermöglicht. Da nachweislich Geld die Welt regiert, ist es nun klug, dass ESG über das „Geldspiel" eingreift.

Wenn wir wissen und beachten würden, dass sowohl der Begriff „Kultur[4]" als auch das Wort „Pflicht[5]" ursprünglich „pflegen" bedeutet, könnten wir erahnen, was wir grundlegend und regelmäßig tun sollten.

Wir wünschen uns selbst kräftiges Einwirken und uns allen ein gutes Gelingen.

Rainer Dunkel & Frank H. Sauer

PS: Es ist davon auszugehen, dass nach Erscheinen dieses Buches mehr Klarheit in den Regularien geschaffen wurde – insbesondere in den Bereichen Standardisierung und Berichtspflicht. Deswegen haben wir begleitend zum Buch die Internetseite ***www.esg21.de*** *geschaffen, um zusätzliche und neue Informationen bereitzustellen.*

---

[4] Kultur: von lateinisch „cultura" = „Bearbeitung, Pflege, Ackerbau"; von „colere" = „pflegen, verehren, den Acker bestellen".

[5] Pflicht: aus mittelhochdeutsch „phlegen" = „Pflegen", auch im Sinne von „kümmern, betreuen, umsorgen und huldigen".

1. Was ist die Idee von ESG?

Das Akronym[6] „ESG“ steht für „**Environmental**, **Social** and **Governance**“. Es handelt sich um eine Reihe von Standards für die Geschäftspraktiken von Organisationen, respektive einzelner Unternehmen, die von einer zunehmenden Anzahl von Investoren als Teil ihrer Analyseprozesse verwendet werden, um potenziell neuzeitliche Risiken und *gleichermaßen* fundierte Wachstumschancen zu bewerten.

Die Idee hinter ESG-Kriterien ist, dass Unternehmen, die in diesen Bereichen gut abschneiden, eher langfristig erfolgreich sind und ein geringeres Risiko für Investoren darstellen. Dies ist Teil eines breiteren Trends in Richtung nachhaltiger Investitionen oder sozial verantwortlicher Investitionen (SRI).

Einige Fonds und Indexanbieter haben sogar spezielle ESG-Fonds[7] und -Indizes eingeführt, die Unternehmen auf der Grundlage dieser Kriterien gewichten.

Der Nutzen von ESG umfasst somit

- die Schaffung von langfristigem Unternehmenswert (verdiente Stabilität),
- Risikominimierung,
- Förderung nachhaltiger Verfahrensweisen,
- soziale Verantwortung,
- positive Auswirkungen auf Umwelt und Gesellschaft
- und einem positiven Image.

ESG bietet der Menschheit einen nachhaltigen Weg zur Bewältigung wesentlicher globaler Herausforderungen.

---

[6] Akronym: aus den Anfangsbuchstaben mehrerer Wörter gebildetes Kurzwort

[7] Vgl. den Artikel: „Nachhaltige Fonds – hier finden Sie unabhängige Tests, Analysen, Wertentwicklungen (02.08.2023)“ https://www.ecoreporter.de/artikel/nachhaltige-fonds-ecoreporter-liefert-tests-analysen-news/

Bei konsequenter und flächendeckender Umsetzung fördert es den Umweltschutz, soziale Gerechtigkeit, wirtschaftliche Stabilität und verantwortungsbewusstes Handeln.

Dies führt letztendlich zu einer besseren Lebensqualität, einem gesünderen Planeten und einer gerechteren Gesellschaft für heutige und insbesondere zukünftige Generationen.

2. Definition der drei Begriffe

Hier beleuchten wir zunächst ausführlich die jeweilige Definition, Beschreibung und Bedeutung der drei Kategorien bzw. Begrifflichkeiten „E“, „S“ und „G“:

2.1 Environmental (Umweltschutz)

„Environmental“ begutachtet, welche Auswirkungen ein Unternehmen auf die natürliche Umwelt hat. Es können beispielsweise Aspekte wie die Emissionspolitik des Unternehmens, seine Abfallwirtschaft, seine Nutzung erneuerbarer Ressourcen und sein Verantwortungsbewusstsein gegenüber auftretender Umweltkatastrophen betrachtet werden.

Allgemeine Definition des Begriffs „environmental“

Environmental bedeutet, dass man sich mit dem Schutz der Umwelt (Land, Meer, Luft, Pflanzen und Tieren) beschäftigt - insbesondere durch Wirtschafts- und Umweltgesetzgebung sowie Umweltaussagen, die für einige Produkte gemacht werden.

Synonyme

ecological, green, eco-friendly (ökologisch, grün, umweltfreundlich)

Etymologische Herkunft

Substantiv „environment“ = „Zustand des Umgebens“ (um 1600); die Bedeutung „die Gesamtheit der Bedingungen, in denen eine Person oder Sache lebt“ (1827 verwendet von Carlyle, um das deutsche Wort „Umgebung“ beschreibend zu übersetzen); die spezialisierte ökologische Bedeutung wurde erstmals 1956 belegt.

2.2 Social (Soziales)

„Social“ bezieht sich auf die Art und Weise, wie das Unternehmen seine Beziehungen zu seinen Mitarbeitern, Lieferanten, Kunden und den Gemeinschaften, in denen es tätig ist, verwaltet. Es können hier beispielsweise Aspekte wie Arbeitnehmerrechte, Gesundheit und Sicherheit, Gleichstellung und Vielfalt sowie Beziehungen zur Gemeinschaft in Betracht gezogen werden.

Allgemeine Definition des Begriffs „social"

Der Begriff „Social" im Kontext von sozialer Verantwortung bezieht sich auf die Pflicht einer Organisation oder Einzelperson, das Wohl der Gemeinschaft oder der Gesellschaft als Ganzes zu berücksichtigen. Dabei geht es nicht nur um die Einhaltung von Gesetzen und Vorschriften, sondern auch um proaktive Maßnahmen, die dazu beitragen, das soziale, kulturelle oder ökologische Umfeld positiv und konstruktiv zu beeinflussen.

Soziale Verantwortung kann sich in verschiedenen Formen manifestieren, sei es durch faire Arbeitsbedingungen, nachhaltige Geschäftspraktiken, gemeinnütziges Engagement oder die Förderung von Vielfalt und Inklusion.

Ziel ist es, einen positiven Einfluss auf die Gemeinschaft und die Umwelt auszuüben, indem ethische und nachhaltige Praktiken in den Geschäftsbetrieb integriert werden.

Die soziale Verantwortung eines Unternehmens (oft als Corporate Social Responsibility oder „CSR" bezeichnet) ist heute für viele Stakeholder, einschließlich Verbraucher, Investoren und Mitarbeiter, von großer Bedeutung und wird oft als Indikator für die Gesamtintegrität und Nachhaltigkeit einer Organisation angesehen.

Synonyme

communal, collective, common, community, group, public (gemeinschaftlich, kollektiv, gemeinsam, Gemeinschaft, Gruppe, die Öffentlichkeit betreffend)

Etymologische Herkunft

Der Begriff „sozial" bedeutet: „das Zusammenleben der Menschen in der Gesellschaft betreffend, gesellschaftlich, gemeinschaftlich, der Allgemeinheit verbunden" und stammt verwandtschaftlich aus „Sozius" = „Begleiter, Gefährte, Freund", als Entlehnung von lateinisch „socius" = „Gefährte, Genosse, Teilnehmer, Bundesgenosse"; eine Substantivierung des lateinischen Adjektivs „socius" = „gemeinsam".

Der Begriff wird seit dem 18. Jh. bei den Enzyklopädisten, die in der Tradition der Naturrechtler (Grotius, Pufendorf) stehen, im Sinne von „auf die Beziehungen des Zusammenlebens gerichtet, der Gemeinschaft verbunden und ihr dienend" zum Ausdruck einer natur- und vernunftgemäßen Moral, die das menschliche Zusammenleben prägt. Der Gebrauch des Adjektivs durch die Physiokraten setzt es in Beziehung zur Wirtschaft, bei Saint-Simon entwickelt es sich zum Gegensatz von frz. „individuel", im Weiteren erhält es im Hinblick auf eine Lösung ökonomisch bedingter gesellschaftlicher Gegensätze den Sinn „durch Beseitigung überkommener Privilegien den gesellschaftlich und wirtschaftlich Benachteiligten stützend". Im Deutschen erscheint *sozial* als selbständiges Adjektiv zuerst Anfang des 19. Jh. (Schelling, Goethe), während die im Jahre 1800 erschienenen Übersetzungen von Rousseaus „Contrat social" dafür gesellschaftlich, Gesellschafts- oder öffentlich als Äquivalent benutzen. Erst in Zusammenhang mit dem nach 1830 merkbar eindringenden revolutionären französischen Ideengut bürgert sich *sozial* im Deutschen ein und wird zum politischen Schlagwort, vgl. „soziale Frage, soziale Verhältnisse, soziales Leben, soziale Idee, soziale Reform" (19. Jh.). Ältere Komposita wie „Social(zu)stand", „Socialgesetz" (Ende 18. Jh.) dürften dagegen auf einer früheren, direkten Entlehnung aus dem Lateinischen beruhen[8].

2.3 Governance (Unternehmensführung)

„Governance" bezieht sich auf die Art und Weise, wie ein Unternehmen geführt wird. Dies könnte beinhalten, wie das Unter-

[8] Quelle: aus https://www.dwds.de/wb/sozialisieren#etymwb-1 (abgerufen und leicht optimiert am 14.09.2023)

nehmen seine Steuern zahlt, wie transparent es ist, welche Geschäftspraktiken es hat, wie es mit Aktionären bzw. Gesellschaftern kommuniziert und wie es seine Vorstandsmitglieder auswählt und angemessen (im fairen Verhältnis zu den Mitarbeitern stehend) vergütet.

Allgemeine Definition des Begriffs „governance"

Der Begriff „Governance" bezieht sich auf die Strukturen, Prozesse und Regeln, die die Entscheidungsfindung und -umsetzung in einer Organisation oder Institution steuern.

Im Kontext von „Führung mit Verantwortung" geht es bei Governance darum, nicht nur effiziente und effektive Entscheidungen zu treffen, sondern diese auch ethisch, transparent und nachhaltig zu gestalten. Hier werden Grundsätze wie Rechenschaftspflicht, Transparenz, Fairness und soziale Verantwortung großgeschrieben.

Governance in diesem Sinne sorgt dafür, dass die Interessen aller Stakeholder einschließlich der Mitarbeiter, der Kunden, der Aktionäre und der Gesellschaft im Allgemeinen, in Einklang gebracht werden.

Ziel ist es, durch verantwortungsvolle Führung eine langfristige, nachhaltige Wertsteigerung für alle erreichten Ziele zu erreichen. Dabei spielen sowohl formale Mechanismen wie Unternehmensrichtlinien und Verträge als auch informelle Elemente wie Unternehmenskultur und ethische Grundsätze eine entscheidende Rolle.

Synonyme

Constructivist corporate management, ethical Management, sustainable control and guidance (Konstruktivistische Unternehmensführung, ethisches Management, nachhaltige Kontrolle und Steuerung)

Ein ähnliches, moralisches Konzept: „Soft Power"; im Deutschen auch als „weiche Macht" bezeichnet, ist ein 1990 von Joseph Nye geprägter politikwissenschaftlicher Begriff, der die politische

Machtausübung (insbesondere die Einflussnahme in den internationalen Beziehungen) auf Grundlage kultureller Attraktivität, der Ideologie und auch mit Hilfe Internationaler Institutionen beschreibt. Zentrales Merkmal der Soft Power ist die Machtausübung durch die Beeinflussung der Ziele politischer Akteure, ohne dass dazu (wirtschaftliche) Anreize oder (militärische) Bedrohungen eingesetzt werden. Soft Power ist auf die Fähigkeit (politischer Akteure) gestützt, die politischen Präferenzen anderer Akteure zu beeinflussen. Diese Fähigkeit zur Beeinflussung und Formung politischer Präferenzen ist entsprechend der Konzeptualisierung Nyes und im Unterschied zur Machtausübung auf Grundlage von wirtschaftlichen und militärischen Anreizen und Bedrohungen eng an **immaterielle Werte** gebunden. Bedeutend dabei ist, dass diese Werte eine anziehende Wirkung entfalten oder geteilt werden. Ressourcen der Soft Power sind dementsprechend Werte, die eine solche Anziehung hervorrufen[9].

---

[9] Quelle: https://de.wikipedia.org/wiki/Soft_Power (abgerufen am 14.09.2023)

3. Was ist der Zweck von ESG?

ESG-Kriterien dienen mehreren Zwecken. Hier beschreiben wir zunächst die Wichtigsten:

3.1 Risikomanagement

ESG-Faktoren können wichtige Risiken in einer Anlage aufzeigen, die sich auf die langfristige Rentabilität auswirken können. Beispielsweise könnte ein Unternehmen mit schlechter Governance einem höheren Risiko für Skandale oder rechtliche Probleme ausgesetzt sein, die sich negativ auf den Aktienkurs auswirken könnten. Ebenso könnte ein Unternehmen, das die Umwelt stark belastet, einem höheren Risiko für Umweltunfälle, regulatorische Strafen oder Reputationsschäden ausgesetzt sein.

3.2 Nachhaltige Investitionen

Ein weiterer wichtiger Zweck von ESG ist es, Investitionen zu fördern, die nachhaltig sind und zum Wohle der Gesellschaft beitragen. Viele Investoren möchten ihr Geld in Unternehmen investieren, die positiv zur Gesellschaft und zur Umwelt beitragen.

Durch die Berücksichtigung von ESG-Faktoren können Investoren sicherstellen, dass ihre Investitionen mit ihren eigenen Werten übereinstimmen.

3.3 Langfristige Performance

Zunehmend liefern Studien[10] Erkenntnisse darüber, dass Unternehmen, die in puncto ESG-Kriterien sehr gute Ergebnisse erzielten, langfristig gesehen geringere Risiken

[10] Siehe „Verweise und Links" auf Seite 115

aufweisen und tendenziell ein Zusammenhang zwischen der ESG-Performance und finanzieller Stabilität besteht.

3.4 Regulierung und Compliance

Immer mehr Regierungen und regulatorische Institutionen fordern von Unternehmen, dass sie Informationen über ihre ESG-Praktiken offenlegen. Dies ist eine Reaktion auf den wachsenden Druck von Verbrauchern, Investoren und der Öffentlichkeit, Unternehmen zur Verantwortung zu ziehen und transparenter zu sein. Durch die Beachtung von ESG-Kriterien können Unternehmen sicherstellen, dass sie diese regulatorischen Anforderungen erfüllen.

3.5 Reputationsmanagement

Unternehmen, die ESG-Kriterien beachten und in diese investieren, können auch ihren Ruf stärken und das Vertrauen von Kunden, Mitarbeitern und der breiten Öffentlichkeit festigen. Dies kann zur mehr Kundentreue führen, die Rekrutierung und Bindung von Talenten deutlich erleichtern und die allgemeine Wettbewerbsfähigkeit des Unternehmens verbessern.

Summarisch zielen ESG-Kriterien darauf ab, Unternehmen zu fördern, die sich für nachhaltige und ethische Praktiken einsetzen. Dies nicht nur im eigenen Interesse, sondern auch im Interesse ihrer Stakeholder, der Umwelt und der Gesellschaft insgesamt.

4. Wer hat ESG erfunden?

ESG als Konzept ist nicht auf eine einzelne Person oder Organisation zurückzuführen. Vielmehr ist es das Ergebnis einer breiteren Bewegung hin zu nachhaltigeren und sozial verantwortlicheren Geschäftspraktiken, die sich im Laufe der Zeit entwickelt hat.

Die ESG-Kriterien wurden jedoch maßgeblich durch das „**UN Global Compact-Programm**" und die „**Principles for Responsible Investment**" (PRI) Initiative geprägt, die beide von den Vereinten Nationen unterstützt werden.

4.1 UN Global Compact-Programm

Das UN Global Compact-Programm (UNGC) wurde im Jahr 2000 auf Initiative des ehemaligen Generalsekretärs der Vereinten Nationen (UN) Kofi Annan eingeführt und fordert Unternehmen auf, zehn Prinzipien in den Bereichen Menschenrechte, Arbeit, Umwelt und Korruptionsbekämpfung einzuhalten.

4.2 Principles for Responsible Investment

Die „Principles for Responsible Investment" (PRI) Initiative wurde 2006 ins Leben gerufen. Sie fordert institutionelle Investoren auf, bei ihren Anlageentscheidungen ESG-Faktoren zu berücksichtigen.

Diese beiden Initiativen haben dazu beigetragen, ESG-Kriterien im Mainstream des Finanzsektors zu etablieren, indem sie Unternehmen und Investoren dazu anregen, die Auswirkungen ihrer Entscheidungen auf die Umwelt und die Gesellschaft zu berücksichtigen.

Heute werden ESG-Kriterien von einer Vielzahl von Akteuren genutzt, darunter institutionelle Investoren, Rating-Agenturen, Beratungsunternehmen und NGOs. Jede einzelne Gruppe kann ihre eigenen spezifischen Kriterien und Methoden zur Bewertung von ESG-Faktoren haben.

Es gilt zu beachten, dass, obwohl ESG eine Terminologie für die Diskussion über nachhaltige Investitionen und Geschäftspraktiken bereitstellt, es jedoch immer noch Bereiche für Verbesserungen und Weiterentwicklungen gibt, insbesondere in Bezug auf die Standardisierung und Konsistenz gemeinsamer ESG-Bewertungen.

4.3 Was sind die zehn Prinzipien?

Die zehn Prinzipien, auf die man sich heute im Allgemeinen bezieht, stammen vom UN Global Compact, eine Initiative der Vereinten Nationen, die Unternehmen dazu auffordert, nachstehende Richtlinien in den Bereichen Menschenrechte, Arbeit, Umwelt und Korruptionsbekämpfung einzuhalten.

Menschenrechte

1. **Unternehmen sollten den Schutz der internationalen Menschenrechte innerhalb ihres Einflussbereichs unterstützen und respektieren.**
2. **Sie sollten sicherstellen, dass sie sich nicht an Menschenrechtsverletzungen beteiligen oder mitschuldig machen.**

Arbeitsnormen

3. **Unternehmen sollten die Freiheit der Vereinigung und das wirksame Erkennen des Rechts auf Kollektivverhandlungen unterstützen.**
4. **Sie sollten alle Formen von Zwangsarbeit beseitigen.**
5. **Sie sollten die effektive Abschaffung der Kinderarbeit anstreben.**
6. **Sie sollten die Beseitigung von Diskriminierung in Beschäftigung und Beruf fördern.**

Umwelt

7. **Unternehmen sollten einen vorsorglichen Ansatz zur Bewältigung von Umweltproblemen unterstützen.**
8. **Sie sollten Initiativen ergreifen, um eine größere Umweltverantwortung zu fördern.**
9. **Sie sollten die Entwicklung und Verbreitung umweltfreundlicher Technologien fördern.**

Korruptionsbekämpfung

10. **Unternehmen sollten gegen alle Formen von Korruption vorgehen, einschließlich Erpressung und Bestechung.**

Diese zehn Prinzipien haben einen erheblichen Einfluss auf das Konzept der hier beschriebenen „ESG-Kriterien" und auf die sogenannten „SDGs" (Sustainable Development Goals).

4.4 Was sind SDGs?

Im Jahr 2015 hat die Weltgemeinschaft die „Agenda 2030"[11] verabschiedet. Diese Agenda ist ein Fahrplan für die Zukunft, mit dessen Hilfe weltweit ein menschenwürdiges Leben ermöglicht und dabei gleichsam die natürlichen Lebensgrundlagen aller Menschen dauerhaft bewahrt werden können. Dies umfasst ökonomische, ökologische und soziale Aspekte. Alle Staaten sind aufgefordert, ihr Tun und Handeln danach auszurichten. Dies impliziert auch das Erlassen von Richtlinien, Verordnungen und Gesetze.

Die Agenda umfasst 17 Ziele sowie 169 Unterziele. Neben dem Kampf gegen den weltweit verbreiteten Hunger gehören beispielsweise auch das Abschaffen von Armut und die Diskriminierung von Frauen. Die Ziele umfassen auch Bildung für alle, der

[11] Die „Vereinten Nationen" erarbeiteten die Agenda 2030 in einem über drei Jahre dauernden, transparenten Verhandlungsprozess unter Einbeziehung der Öffentlichkeit. Die Agenda soll Ausdruck sein, für eine neue Qualität der Politik: Alles soll mit Bedacht auf eine nachhaltige Entwicklung angegangen werden.

Schutz des Klimas und der Biodiversität sowie mehr Engagement für Frieden und Rechtsstaatlichkeit.

Abb. 1 SDG Logo der Vereinten Nationen

Die 17 Ziele für eine globale dauerhafte Entwicklung der Agenda 2030 richten sich an alle Regierungen weltweit, die gesamte Zivilgesellschaft, die Privatwirtschaft sowie die Wissenschaft.

SDGs als Liste

1. **Armut in jeder Form und überall beenden**
2. **Ernährung weltweit sichern**
3. **Gesundheit und Wohlergehen**
4. **Hochwertige Bildung weltweit**
5. **Gleichstellung von Frauen und Männern**
6. **Ausreichend Wasser in bester Qualität**
7. **Bezahlbare und saubere Energie**
8. **Nachhaltig wirtschaften als Chance für alle**
9. **Industrie, Innovation und Infrastruktur**
10. **Weniger Ungleichheiten**
11. **Nachhaltige Städte und Gemeinden**
12. **Nachhaltig produzieren und konsumieren**
13. **Weltweit Klimaschutz umsetzen**
14. **Leben unter Wasser schützen**
15. **Leben an Land**
16. **Starke und transparente Institutionen fördern**
17. **Globale Partnerschaft**

Quelle: https://www.bundesregierung.de/breg-de/themen/nachhaltigkeitspolitik/nachhaltigkeitsziele-erklaert-232174

SDGs als weit verbreitete Grafiken

Abb. 2 Die Logos aller 17 SDGs

Hinweis: Auf der Internetseite zum Buch ist diese Grafik farbig und zusätzlich auch mit englischer Beschriftung dargestellt: https://esg21.de/wer-hat-esg-erfunden/

5. Warum ESG wirkungsvoll ist

Die vorgenannten SDGs der Agenda 2023 sind nicht rechtlich bindend, sondern lediglich ein Aufruf an alle Länder, Unternehmen und Stakeholder, sich gemeinsam für eine nachhaltige Entwicklung einzusetzen. Die Umsetzung der SDGs liegt in der Verantwortung der nationalen Regierungen, die entsprechende Politik und Maßnahmen ergreifen sollen, um die Ziele zu erreichen. Unternehmen und Organisationen sind dabei aufgefordert, sich an den SDGs zu orientieren und ihre Geschäftspraktiken und Investitionen im Einklang mit den Zielen auszurichten.

ESG hingegen bezieht sich auf die konkrete Integration von Umwelt-, Sozial- und Unternehmensführungsaspekten in Unternehmen und Investitionen. Es ist damit eine unternehmerische Strategie, bei der Nachhaltigkeitskriterien in Geschäftsentscheidungen einbezogen werden, um langfristige Werte zu schaffen und Risiken zu minimieren.

ESG-Ansätze haben in den letzten Jahren gerade deswegen an Bedeutung gewonnen, da Investoren und Finanzinstitute erkannt haben, dass nicht-finanzielle Faktoren einen erheblichen Einfluss auf die finanzielle Performance und den langfristigen Erfolg eines Unternehmens haben.

Die ESG-Bewertung von Unternehmen dient Investoren als Instrument, um das Nachhaltigkeitsprofil eines Unternehmens zu bewerten und zu entscheiden, ob es ihren ESG-Kriterien entspricht.

Der wesentliche Unterschied zwischen SDGs und ESG besteht darin, dass die SDGs breite globale Ziele sind, die von den Vereinten Nationen festgelegt wurden und auf eine nachhaltige Entwicklung der gesamten Welt abzielen.

ESG hingegen ist eine unternehmerische Strategie, die von Unternehmen und Investoren aufgegriffen wird, um Nachhaltigkeitskriterien in ihre Geschäftspraktiken einzubinden und langfristigen Wert zu schaffen.

Die SDGs stellen eine gemeinsame Vision für die Welt dar, die Verantwortung für die Umsetzung liegt bei den Ländern und Unternehmen, die entsprechende Maßnahmen ergreifen müssen. ESG hingegen ist eine unternehmerische Initiative, bei der Unternehmen selbst die Verantwortung übernehmen, nachhaltiges und verantwortungsbewusstes Handeln zu fördern.

ESG ist eine Art Rating, das Unternehmen und deren Nachhaltigkeits- und Verantwortungsbewusstseinsleistung bewertet. ESG-Ratings werden von verschiedenen Agenturen, Forschungsunternehmen und Finanzinstituten durchgeführt. Diese Unternehmen sammeln und analysieren Daten zu Umwelt-, Sozial- und Governance-Faktoren, um die ESG-Performance eines Unternehmens zu bewerten.

Der Prozess der ESG-Ratings kann je nach Ratingagentur variieren, folgt aber allgemein ähnlichen Schritten:

5.1 Datensammlung

Die Ratingagentur sammelt relevante Informationen und Daten über das Unternehmen, seine Geschäftspraktiken und seine Auswirkungen auf Umwelt, Gesellschaft und Unternehmensführung. Die Daten können aus verschiedenen Quellen stammen, einschließlich Unternehmensberichten, öffentlich zugänglichen Informationen, Behördenmeldungen, Medienquellen und ESG-Datenbanken.

5.2 Analyse und Bewertung

Die gesammelten Daten werden analysiert und anhand vordefinierter ESG-Kriterien bewertet. Diese Kriterien können je nach Ratingagentur variieren, können aber Umweltaspekte wie CO2-Emissionen, Wasserverbrauch und Abfallmanagement, soziale Aspekte wie Arbeitsbedingungen, Menschenrechte und Gemeinwohl, sowie Governance-Faktoren wie Transparenz, Unternehmensführung und ethische Standards umfassen.

5.3 Gewichtung und Scoring

Die Bewertung der ESG-Faktoren erfolgt in der Regel durch eine Gewichtung und Skalierung der Kriterien. Je nach Bedeutung eines ESG-Faktors für die Bewertung wird ihm ein entsprechender Wert zugeordnet. Die aggregierten ESG-Werte werden dann in einem Scoring-System dargestellt.

5.4 Benchmarking und Vergleich

Das bewertete Unternehmen wird mit seinen Branchenkollegen und/oder anderen Unternehmen verglichen, um eine relative ESG-Performance zu ermitteln. Dies ermöglicht es Investoren und anderen Interessengruppen, die ESG-Performance eines Unternehmens im Vergleich zu anderen zu verstehen.

5.5 Berichterstattung und Veröffentlichung

Die Ergebnisse des ESG-Ratings werden in der Regel in Form von Berichten oder Ratingscores veröffentlicht. Diese Informationen stehen Investoren, Kunden und anderen Interessengruppen zur Verfügung, um fundierte Entscheidungen zu treffen und ihre Investitionen oder Zusammenarbeit entsprechend auszurichten.

Wie andere Finanzratings sind ESG-Ratings nicht einheitlich aufgebaut. So können Ratingagenturen unterschiedliche Bewertungen für dasselbe Unternehmen liefern. Die zunehmende Verbreitung von ESG-Ratings hat jedoch dazu beigetragen, dass Unternehmen und Investoren sich stärker auf Nachhaltigkeits- und Verantwortungsbewusstseinsfaktoren konzentrieren, um eine langfristige Wertsteigerung zu erreichen und nachhaltige Entscheidungen zu treffen.

Es gibt bisweilen noch keine eindeutige Antwort auf die Frage, welcher Standard der Ratings am besten ist, da die Bewertungskriterien und Methoden je nach Ratingagentur variieren und von den spezifischen Zielen und Anforderungen der Anleger, Unternehmen oder anderen Interessengruppen abhängen. Es gibt jedoch einige etablierte Ratingstandards und -rahmenwerke, die häufig verwendet werden und von Investoren und Unternehmen als zuverlässig angesehen werden. Einige der bekanntesten und weitverbreitetsten ESG-Ratingstandards und -rahmenwerke wollen wir hier beispielhaft aufführen:

Sustainalytics

Eines der führenden Unternehmen im Bereich der ESG-Ratings und -Analysen. Es verwendet eine breite Palette von ESG-Kriterien und verfolgt einen Bottom-up-Ansatz, um die ESG-Performance von Unternehmen zu bewerten.

MSCI ESG Ratings

Ein weltweit anerkannter Anbieter von ESG-Ratings und -Analysen. MSCI bewertet Unternehmen auf der Grundlage von über 1.000 ESG-Kriterien und bietet eine breite Abdeckung von Unternehmen aus verschiedenen Branchen und Regionen.

S&P Global (früher: RobecoSAM)

Hat lange Zeit den Dow Jones Sustainability Index erstellt und war auf Nachhaltigkeitsbewertungen spezialisiert. Seit der Übernahme durch S&P Global ist RobecoSAM nun Teil der ESG-Bewertungsdienstleistungen von S&P Global.

FTSE4Good

Ein Index, der Unternehmen aufführt, die bestimmte ESG-Kriterien erfüllen. Die ESG-Ratings basieren auf einem jährlichen Überprüfungsprozess.

CDP (Carbon Disclosure Project)

Bewertet Unternehmen hinsichtlich ihrer Klima- und Umweltdaten sowie ihrer Strategien zur Bewältigung des Klimawandels und der Umweltauswirkungen.

Kein einzelner Standard (Rahmenwerk, Kriterienkatalog, Gewichtungen etc.) kann als „bester“ angesehen werden, da die Eintaxierung von ESG eine komplexe Angelegenheit ist und von vielen Faktoren abhängt. Unternehmen, Investoren und andere Interessengruppen sollten die verschiedenen Ratingstandards sorgfältig prüfen und gegebenenfalls mehrere Quellen nutzen, um ein umfassendes Bild der ESG-Performance eines Unternehmens zu erhalten.

Ein ganzheitlicher Ansatz, der verschiedene ESG-Ratingquellen und -methoden berücksichtigt, kann dazu beitragen, eine fundierte und gut informierte Entscheidung zu treffen.

Es ist davon auszugehen, dass nach Erscheinen dieses Buches mehr Klarheit in den Regularien geschaffen wurde – insbesondere in den Bereichen Standardisierung und Berichtspflicht. Deswegen haben wir begleitend zum Buch die Internetseite www.esg21.de geschaffen, um zusätzliche und neue Informationen bereitzustellen.

6. Wie wichtig ist bei ESG die Unternehmenskultur?

Die Unternehmenskultur und Unternehmensethik spielen eine entscheidende Rolle im Rahmen der ESG-Kriterien. Sie sind integraler Bestandteil des verantwortungsbewussten „Governance"-Aspekts und können sich auch auf die „Environmental" und „Social" Aspekte auswirken. Ein Unternehmen, das sich ethischen Geschäftspraktiken verpflichtet hat und eine Kultur fördert, die diese Praktiken unterstützt, wird wahrscheinlich in allen drei Bereichen besser abschneiden.

Hier sind einige der wichtigsten Faktoren, die bei der Bewertung der Unternehmenskultur und -ethik im Rahmen von ESG-Kriterien berücksichtigt werden:

6.1 Führungsstil

Der Stil und die Praktiken der Unternehmensführung sind entscheidend für die Schaffung einer ethischen Unternehmenskultur. Führungskräfte sollten als Vorbilder[12] fungieren und Werte wie Integrität, Transparenz und Fairness fördern.

6.2 Verhaltenskodizes und Ethikrichtlinien

Unternehmen sollten klare Richtlinien und Verhaltenskodizes haben, die ethisches Verhalten definieren und fördern. Diese Kriterien[13] sollten die Aufgabenstellungen Korruptionsbekämpfung, Einhaltung von Gesetzen und Vorschriften, Datenschutz und Diskriminierungsverbot abdecken.

---

[12] Vgl. https://www.values-academy.de/fuehrungsleitlinien/

[13] **Wichtiger Hinweis:** Siehe hierzu den DCGK (Deutsche Corporate Governance Kodex) https://www.dcgk.de/de/

6.3 Schulungen und Bewusstseinsbildung

Unternehmen sollten regelmäßige Schulungen und Workshops zur Förderung der ethischen Unternehmenskultur anbieten – insbesondere für alle Führungskräfte. Diese Schulungen und Trainings sollten über die Verhaltenskodizes und Ethikrichtlinien des Unternehmens informieren und die Fähigkeiten vermitteln, die benötigt werden, um ethische Dilemmata am Arbeitsplatz zu bewältigen.

6.4 Transparenz und Rechenschaftspflicht

Unternehmen sollten in ihren Geschäftspraktiken offen und transparent sein. Dies könnte beinhalten, dass sie regelmäßig über ihre ESG-Leistungen berichten, sich freiwillig externen Audits unterziehen und proaktiv auf Bedenken oder Kritik von Mitarbeitern, Investoren und der breiten Öffentlichkeit reagieren.

6.5 Whistleblower-Schutz

Unternehmen sollten Mechanismen zum Schutz von Whistleblowern einrichten, um sicherzustellen, dass Mitarbeiter, die unethisches oder illegales Verhalten melden, keinen Vergeltungsmaßnahmen ausgesetzt sind. Dies kann dazu beitragen, eine Kultur der Offenheit und Rechenschaftspflicht zu fördern.

6.6 Diversität und Inklusion

Eine vielfältige und inklusive Unternehmenskultur kann zur Förderung von Ethik und Fairness am Arbeitsplatz beitragen. Unternehmen sollten darauf achten, eine Vielfalt von Perspektiven und Erfahrungen in ihrem Team zu fördern und Diskriminierung jeglicher Art zu verhindern.

Insgesamt spielen die Unternehmenskultur sowie die Unternehmensethik eine wichtige Rolle bei der Gestaltung des Verhaltens und der Entscheidungen eines Unternehmens in Bezug auf Umwelt-, Sozial- und Governance-Themen.

Ein Unternehmen, das eine starke, ethische und wertebasierte Kultur fördert, wird wahrscheinlich besser auf ESG-Risiken und -Chancen vorbereitet sein und ist eher in der Lage, nachhaltigen Wert für alle Stakeholder zu schaffen.

7. Wer ist am stärksten von ESG betroffen?

ESG-Kriterien betreffen eine Vielzahl von Anspruchsgruppen (sog. Stakeholder). Langfristig wird es direkt oder rückschließend alle Menschen betreffen.

Nachstehend führen wir die Anspruchsgruppen auf, die es unmittelbar und heute schon betrifft.

7.1 Unternehmen

Unternehmen müssen die ESG-Kriterien in ihre Geschäftspraktiken integrieren, um langfristig Wert zu schaffen, Risiken zu minimieren und Reputationsschäden zu vermeiden.

Wichtiger Hinweis: Das bereits im Juni 2021 beschlossene Sorgfaltspflichtengesetz („Lieferkettengesetz[14]") trat am 1. Januar 2023 in Kraft und verpflichtet Unternehmen auf verantwortungsvolles Handeln in den Bereichen Umwelt und Menschenrechte.

7.2 Investoren

Sowohl institutionelle Investoren (wie Pensionsfonds und Versicherungsgesellschaften) als auch individuelle Anleger verwenden ESG-Kriterien, um Investitionsentscheidungen zu treffen, Risiken zu bewerten und die langfristige Performance von Unternehmen zu analysieren.

[14] Gesetz über die unternehmerischen Sorgfaltspflichten in Lieferketten: Das „**Lieferkettensorgfaltspflichtengesetz (LkSG)**", kurz Lieferkettengesetz, regelt die unternehmerische Verantwortung für die Einhaltung von Menschenrechten in den globalen Lieferketten. Hierzu gehören beispielsweise der Schutz vor Kinderarbeit, das Recht auf faire Löhne ebenso wie der Schutz der Umwelt. Davon sollen die Menschen in den Lieferketten, Unternehmen und auch die Konsumenten profitieren. **Das Gesetz gilt ab 2023 zunächst für Unternehmen mit mindestens 3.000, ab 2024 auch für Unternehmen mit mindestens 1.000 Arbeitnehmer*innen im Inland.**

7.3 Mitarbeiter

Mitarbeiter sind von den sozialen Aspekten der ESG-Kriterien betroffen, einschließlich der Arbeitsbedingungen, der Bezahlung, der Gesundheits- und Sicherheitsstandards und der Vielfalt und Inklusion am Arbeitsplatz. Eine starke Leistung in diesen Bereichen kann zur Zufriedenheit und Bindung der Mitarbeiter beitragen.

So sollten auch im Bereich Employer Branding[15] diese Aspekte berücksichtigt werden.

7.4 Lokale Gemeinschaften

Gemeinschaften, in denen Unternehmen tätig sind, können sowohl positiv als auch negativ von ESG-Praktiken betroffen sein. Beispielsweise können Umweltverschmutzung oder unsichere Arbeitsbedingungen negative Auswirkungen auf Gemeinschaften haben, während Maßnahmen zur Verbesserung der Umweltverantwortung oder zur Unterstützung lokaler Wirtschaftsentwicklung positive Auswirkungen haben können.

7.5 Kunden

Kunden können ihre Kaufentscheidungen auf der Grundlage der ESG-Praktiken von Unternehmen treffen. Ein Unternehmen, das beispielsweise umweltfreundliche Produkte anbietet oder faire Arbeitspraktiken fördert, kann für Kunden attraktiver sein, die diese Werte teilen.

7.6 Eigentümer

Gesellschafter, Aktionäre und Inhaber von Unternehmen sind mittel- und insbesondere langfristig stark betroffen, da sich die Einhaltung der ESG-Kriterien positiv auf die

[15] Employer Branding: Arbeitgebermarkenbildung; vgl. https://www.values-academy.de/employer-branding/

finanzielle Performance eines Unternehmens auswirken und langfristigen Wert schafft.

7.7 Regierungen und Regulierungsbehörden

ESG-Kriterien werden von Regierungen und Regulierungsbehörden genutzt, um die Einhaltung von Gesetzen und Vorschriften zu bewerten, und können Unternehmen dazu ermutigen oder auferlegen, bestimmte ESG-Standards einzuhalten.

7.8 Zivilgesellschaft und NGOs

Die Zivilgesellschaft und Nichtregierungsorganisationen spielen eine wichtige Rolle bei der Überwachung und Beeinflussung von Unternehmen in Bezug auf ESG-Kriterien. Sie können Druck ausüben, Informationen bereitstellen, Kampagnen organisieren und Unternehmen zur Rechenschaft ziehen, um sicherzustellen, dass sie sozial verantwortlich handeln.

Es ist wichtig zu beachten, dass die Auswirkungen von ESG-Kriterien je nach Branche, geografischem Standort und Unternehmensgröße variieren. Unternehmen in Branchen wie Energie, Bergbau, Lebensmittelproduktion, Finanzdienstleistungen, Technologie und insbesondere der Immobilienwirtschaft stehen oft im Fokus von ESG-Diskussionen und müssen besonders sorgfältig mit den Auswirkungen ihrer Geschäftspraktiken umgehen.

Darüber hinaus kann die Bedeutung von ESG-Kriterien auch von den Erwartungen und Prioritäten der einzelnen Stakeholder abhängen. Während einige Stakeholder wie Investoren möglicherweise stärker auf finanzielle Leistung und Risikomanagement achten, können andere Stakeholder wie Mitarbeiter und Kunden größeren Wert auf soziale und ökologische Aspekte legen.

Die Bedeutung von ESG-Kriterien hat in den letzten Jahren erheblich zugenommen. Eine steigende Anzahl von Investoren und Unternehmen erkennt, dass die Einbeziehung von ESG-Faktoren nicht nur ethisch und nachhaltig ist, sondern auch langfristig finanzielle Vorteile bringen kann. Dieser Paradigmenwechsel hat zu einem verstärkten Fokus auf die Integration von ESG in die Geschäftsstrategie und -entscheidungen geführt.

8. Wer sollte möglichst schnell reagieren?

Es gibt mehrere Akteure, die möglichst schnell auf ESG-Kriterien reagieren sollten, auch unter dem Hinblick, dass sie für zahlreiche Unternehmen und Institutionen gesetzlich verpflichtend[16] umzusetzen sind:

8.1 Unternehmen

Alle Unternehmen sollten ESG-Kriterien als strategisches Anliegen berücksichtigen und ihre Geschäftspraktiken entsprechend anpassen. Dies beinhaltet die Integration von ESG-Faktoren in die Unternehmensstrategie, die Verbesserung der ESG-Leistung und die Berichterstattung über ihre angestrebten Ziele. Je früher Unternehmen reagieren, desto besser können sie mögliche Risiken minimieren und Wettbewerbsvorteile erzielen.

Insbesondere das „Lieferkettensorgfaltspflichtengesetz (LkSG)", regelt die unternehmerische Verantwortung für die Einhaltung von Menschenrechten in den globalen Lieferketten. Das Gesetz gilt seit 2023 zunächst für Unternehmen mit mindestens 3.000 und ab 2024 auch für Unternehmen mit mindestens 1.000 Mitarbeiter im Inland.

8.2 Investoren

Investoren sollten ESG-Kriterien in ihre Anlagestrategien integrieren und ihre Portfolios entsprechend ausrichten. Dies bedeutet, Unternehmen nach ESG-Kriterien zu bewerten und Investitionen in Unternehmen mit einer starken ESG-Performance zu bevorzugen. Durch eine spontane Reaktion auf ESG-Trends können Investoren

16 Siehe Kapitel „Auszug aus Gesetzestexten und Verordnungen" auf Seite 112

ihre Portfolios besser absichern und langfristige Renditen maximieren.

8.3 Regierungen und Regulierungsbehörden

Insbesondere Regierungen und Regulierungsbehörden spielen eine bestimmende Rolle bei der Schaffung eines regulatorischen Rahmens, der die Integration von ESG fördert. Sie sollten ESG-Richtlinien entwickeln und verabschieden, die Unternehmen zur Berücksichtigung von Umwelt-, sozialen und Governance-Faktoren begründen. Darüber hinaus sollten sie Anreize schaffen, um nachhaltiges und verantwortungsbewusstes Handeln zu fördern.

8.4 Zivilgesellschaft und NGOs

Die Zivilgesellschaft und NGOs haben eine wichtige Rolle bei der Überwachung und Förderung von ESG-Kriterien. Sie können Unternehmen zur Rechenschaft ziehen, Informationen bereitstellen, Kampagnen organisieren und Bewusstsein für nachhaltige Geschäftspraktiken schaffen. Sie sollten aktiv bleiben und weiterhin Druck auf Unternehmen und Entscheidungsträger ausüben, um positive Veränderungen herbeizuführen.

8.5 Eigentümer

Gesellschafter, Inhaber und Großaktionäre von Unternehmen können auf ESG konstruktiv reagieren, indem sie dessen Kriterien als integralen Bestandteil der Unternehmensführung verpflichtend etablieren. Ein wichtiger erster Schritt ist, Bewusstsein mit einem tiefen Verständnis für die mit ESG verbundenen Aufgabenstellungen zu entwickeln, die das Unternehmen jetzt und zukünftig betreffen. Dies erfordert eine gründliche Analyse der internen und externen Faktoren, welche die ESG-Leistung beeinflussen.

Insgesamt gesehen ist es wichtig, dass alle Stakeholdergruppen zusammenarbeiten, um eine abgestimmte Umsetzung von ESG-Kriterien zu erreichen.

Nur durch schnelles Handeln können Unternehmen, Investoren, Regierungen und die Zivilgesellschaft gemeinsam daran arbeiten, eine Wirtschaft zu gestalten, die nachhaltiger und ethisch verantwortungsvoller ist.

9. Wie kann ESG im eigenen Unternehmen eingeführt werden?

Die Einführung von ESG im eigenen Unternehmen erfordert eine ganzheitliche und integrative Herangehensweise. Die Integration von ESG in die Unternehmenskultur sowie in viele andere Transformationsprozesse kann wie folgt umgesetzt werden:

9.1 Werteklärung

Beginnen Sie mit der Klärung der Werte des Unternehmens und legen Sie fest, wie diese mit den ESG-Prinzipien zusammenhängen. Identifizieren Sie die Werte, die mit ökologischer Nachhaltigkeit, sozialer Verantwortung und guter Unternehmensführung verbunden sind. Überprüfen und aktualisieren Sie gegebenenfalls Ihre vorhandenen Unternehmenswerte, um sicherzustellen, dass sie ESG-Kriterien widerspiegeln.

Hinweis: Dies kann mit der Logik des TCVS[17] (Triple Corporate Values System) implementiert werden. Dabei geht es darum, für eine Organisation Werte nicht nur zu ermitteln, sondern so aufzustellen, dass sie eine hohe Akzeptanz bei allen Anspruchsgruppen bekommen.

9.2 Management-Engagement

Das Engagement des Managements ist von entscheidender Bedeutung. Führungskräfte sollten ESG-Kriterien als strategische Priorität anerkennen und ihre Unterstützung für die Integration von ESG in die Unternehmenskultur und -strategie demonstrieren. Sie können beispielsweise klare Ziele und Leistungskennzahlen für ESG festlegen

[17] TCVS: Infos unter www.esg21.de

und diese in die Mitarbeiterbewertungen und -belohnungen einbeziehen.

Führungskräfte sollten dies klar und nachvollziehbar kommunizieren und dabei selbst Haltung zeigen. Auch sollten Sie Handlungsoptionen aufzeigen und dabei die Bedeutung von ESG herausstellen, um die Mitarbeiter zur aktiven Teilnahme zu motivieren.

9.3 Schulungen und Sensibilisierung

Bieten Sie Mitarbeitern Schulungen und Sensibilisierungsmaßnahmen zu ESG-Themen an. Stellen Sie sicher, dass sie das Wissen und das Verständnis haben, um die ESG-Prinzipien in ihrem täglichen Arbeitsumfeld anzuwenden.

Bestenfalls sollten zuvor Workshops stattfinden, bei denen die Unternehmenswerte sowie die ermittelten Werte der Mitarbeiter[18] mit den ESG-Werten abgeglichen werden.

9.4 Integration in Unternehmensprozesse

Integrieren Sie ESG in alle relevanten Unternehmensprozesse wie z.B. strategische Planung, Risikomanagement, Leistungsmanagement, Qualitätsmanagement und Berichterstattung. Stellen Sie sicher, dass ESG-Kriterien bei Entscheidungen und Maßnahmen berücksichtigt werden. Etablieren Sie dabei sogenannte „Wirkungsmessungen".

9.5 Mitarbeiterbeteiligung

Ermutigen Sie Mitarbeiter, sich aktiv an ESG-bezogenen Initiativen und Projekten zu beteiligen. Schaffen Sie einen Rahmen, der die Mitarbeiter ermutigt, Ideen und Vor-

[18] Die Werte aller Mitarbeiter können anhand der „EVAS" (Employee Values Survey) ermittelt und systemisch aufgestellt werden. Infos hierzu gibt es auf www.esg21.de.

schläge zur Verbesserung der ESG-Performance des Unternehmens einzubringen.

9.6 Überwachung und Bewertung

Implementieren Sie Überwachungs- und Bewertungssysteme, um die Fortschritte bei der Umsetzung von ESG-Zielen zu messen. Regelmäßige Überprüfungen und Evaluierungen können helfen, Stärken und Verbesserungsbereiche zu identifizieren.

9.7 Kommunikation und Berichterstattung

Kommunizieren Sie aktiv über die ESG-Initiativen und -Leistungen des Unternehmens sowohl intern als auch extern. Berichten Sie transparent über die Fortschritte und Ergebnisse in Bezug auf ESG-Kriterien, um das Vertrauen und die Glaubwürdigkeit des Unternehmens zu stärken.

Es ist wichtig, dass die Einführung von ESG im Unternehmen nicht als einmaliger Prozess betrachtet wird, sondern als kontinuierlicher Weg der Verbesserung und Anpassung an sich ändernde Anforderungen und Erwartungen.

10. Belastungsprobe für Unternehmen

Wie kann ein Unternehmen testen, ob es die eigenen Kriterien erfüllt?

Unternehmen können verschiedene Ansätze verwenden, um zu überprüfen, ob sie ihre eigenen ESG-Kriterien erfüllen. Hier sind einige Möglichkeiten, wie Unternehmen ihre ESG-Performance testen können:

10.1 Selbstbewertung

Unternehmen können interne Bewertungen oder Selbsteinschätzungen durchführen, um ihre ESG-Performance zu analysieren. Dies kann durch die Verwendung von Fragebögen, Bewertungsrastern oder Checklisten[19] erfolgen, die spezifische ESG-Bereiche abdecken. Dabei sollten Unternehmen ihre eigenen Kriterien und Ziele berücksichtigen, um festzustellen, wieweit sie diese erfüllen.

10.2 ESG-Standards und -Richtlinien

Es gibt verschiedene externe ESG-Standards und -Richtlinien, anhand derer Unternehmen ihre ESG-Performance bewerten können. Einige bekannte Standards sind beispielsweise die „Global Reporting Initiative“ (GRI), das „Sustainability Accounting Standards Board“ (SASB), der „UN Global Compact“ und die „Task Force on Climatelated Financial Disclosures“ (TCFD). Diese Standards bieten Leitlinien und Indikatoren, die Unternehmen bei der Bewertung der ESG-Performance unterstützen können.

[19] Checklisten: Hinweise zu aktuellen Listen und Prozessbeschreibungen veröffentlichen wir unter www.esg21.de

10.3 Externe Bewertungs- und Analyseanbieter

Unternehmen können auch auf externe Berater zurückgreifen, um ihre ESG-Performance zu messen. Diese Anbieter führen detaillierte Analysen und Bewertungen durch, um Unternehmen bei der Identifizierung von Stärken, Schwächen und Verbesserungsbereichen im ESG-Bereich zu unterstützen. Zu den bekannten Anbietern[20] gehören beispielsweise „MSCI ESG Research", „Sustainalytics" und „ISS".

10.4 Branchenspezifische Benchmarks und Vergleiche

Unternehmen können branchenspezifische Benchmarks[21] und Vergleiche nutzen, um ihre ESG-Performance im Vergleich zu anderen Unternehmen in ihrer Branche zu bewerten. Diese Benchmarks bieten Einblicke in bewährte Praktiken und Leistungskennzahlen, die für bestimmte Branchen relevant sind.

Indem Unternehmen ihre Leistung mit den Branchenstandards vergleichen, können sie feststellen, ob sie den Erwartungen entsprechen oder Verbesserungspotenzial haben.

10.5 Stakeholder-Engagement

Ein weiterer wichtiger Ansatz besteht darin, mit den Stakeholdern des Unternehmens in einen Dialog zu treten und deren Perspektiven und Erwartungen in Bezug auf ESG zu berücksichtigen.
Dies kann durch regelmäßige Konsultationen, Umfragen oder Gesprächen mit den Stakeholdern (Kunden, Mit-

[20] Vgl. die Liste mit Links zu den Beratungsunternehmen: https://esg21.de/externe-berater/
[21] Vgl. Definition: https://wirtschaftslexikon.gabler.de/definition/benchmarking-29988

arbeitern, Investoren, Lieferanten und der Gemeinschaft) erfolgen.

- Durch das aktive Zuhören und die Einbindung der Stakeholder können Unternehmen Feedback erhalten und ihre ESG-Performance besser verstehen.

Diese vielschichtige Bewertung der ESG-Performance ist ein kontinuierlicher Prozess, bei dem sich Unternehmen fortwährend verbessern sollten. Durch regelmäßige Überprüfung, Monitoring und Reporting können Unternehmen ihre Fortschritte verfolgen und ihre ESG-Ziele erreichen.

11. Was kostet die Integration von ESG?

Die Kosten für die Integration von ESG in ein Unternehmen können je nach verschiedenen Faktoren variieren. Hier sind einige Aspekte, die die Kosten beeinflussen können:

11.1 Unternehmensgröße und -komplexität

Größere Unternehmen mit komplexeren Geschäftsmodellen und globaler Präsenz haben in der Regel höhere Integrationskosten für ESG. Dies liegt daran, dass sie möglicherweise mehr Ressourcen, Fachwissen und Zeit benötigen, um ihre ESG-Strategie zu entwickeln, Ziele festzulegen, Berichterstattungsmechanismen einzurichten und interne Prozesse anzupassen.

11.2 Branchen- und Sektorabhängigkeit

Die Kosten können auch von der Branche und dem Sektor abhängen, in dem das Unternehmen tätig ist. Einige Branchen haben möglicherweise bereits ESG-Praktiken und Standards etabliert, während andere Branchen möglicherweise mehr Anpassungen und Investitionen erfordern, um ESG-Kriterien zu erfüllen. Beispielsweise könnten Unternehmen in umweltintensiven Branchen höhere Kosten haben, um ihre Umweltauswirkungen zu reduzieren und nachhaltigere Praktiken zu implementieren.

11.3 Anfang und Reifegrad des Unternehmens

Unternehmen, die bereits fortgeschrittene Nachhaltigkeits- oder CSR-Programme[22] haben, können möglicherweise ihre aufbauenden Maßnahmen und Prozesse nutzen und einfacher in ESG integrieren. In solchen Fällen könnten die

[22] CSR: „Corporate Social Responsibility"; vgl. auch https://www.values-academy.de/unternehmensethik/

Kosten für die Integration von ESG möglicherweise niedriger sein. Wenn ein Unternehmen jedoch noch keine umfassenden Nachhaltigkeitsmaßnahmen implementiert hat, können die anfänglichen Kosten für die Entwicklung einer ESG-Strategie, die Festlegung von Zielen und die Implementierung von Maßnahmen höher sein.

11.4 Externe Beratung und Expertise

Unternehmen, die externe Beratung und Expertise in Anspruch nehmen, um ihre ESG-Integration voranzutreiben, müssen möglicherweise zusätzliche Kosten für solche Dienstleistungen einplanen. Externe Berater[23] können bei der Entwicklung einer ESG-Strategie, der Durchführung von Materialitätsanalysen[24], der Berichterstattung oder der Schulung von Mitarbeitern unterstützen. Die Kosten für diese Dienstleistungen können je nach Umfang und Dauer der Zusammenarbeit variieren.

11.5 Technologie- und Datenmanagement

Die Integration von ESG erfordert oft den Zugang zu umfangreichen Daten und die Implementierung entsprechender Technologien, um ESG-relevante Informationen zu erfassen, zu analysieren und zu berichten.

Die Kosten für den Erwerb und die Implementierung solcher Technologien sowie die Datenerhebung und -analyse können erheblich sein. Dies beinhaltet möglicherweise Investitionen in Datenmanagement-Software, die Überwachung von ESG-Kennzahlen und die Durchführung von Nachhaltigkeitsaudits.

---

[23] Externe Berater: Wir stellen eine Liste unter https://esg21.de/externe-berater/ zur Verfügung.

[24] Die Wesentlichkeitsanalyse (Materialitätsanalyse) ist ein Analysewerkzeug, welches im Rahmen der strategischen Analyse angewendet wird. Sie dient dazu, die für ein Unternehmen und seine Anspruchsgruppen (Stakeholder) bedeutenden Nachhaltigkeitsthemen zu ermitteln (vgl. Steinke/Schulze/Berlin/Stehle/Georg, 2014).

Es ist selbstredend, dass die Kosten für die Integration von ESG von Unternehmen zu Unternehmen unterschiedlich sind und von den spezifischen Zielen, Ressourcen und Bedürfnissen des Unternehmens abhängen.

Während einige Kosten für Anfangsinvestitionen und Implementierung auftreten, können langfristig betrachtet ESG-Maßnahmen auch zu Kosteneinsparungen durch effizientere Ressourcennutzung und Risikomanagement führen.

Insbesondere folgende beispielhafte Faktoren und Effekte können sich langfristig auf die Profitabilität (ROI) bezüglich der Implementierung von ESG auswirken:

- **Mitarbeiterbindung** (weniger Fluktuation)
- Höhere Akzeptanz bei den Kunden (Treue, Vertrauen, Empfehlung)
- Deutlich besseres Rating und Konditionen bei der Finanzmittelbeschaffung
- Geringere Risiken in Bezug auf Umweltfaktoren und Energiekosten

12. Welche Rolle spielen Banken?

Banken haben eine entscheidende Rolle bei der Integration von ESG in die Wirtschaft. Hier sind einige zentrale Aspekte, in denen Banken im Kontext von ESG eine bedeutende und durchgreifende Funktion übernehmen:

12.1 Kreditvergabe und Kapitalallokation

Banken haben die Möglichkeit und zunehmend auch den Willen, Kredite und Finanzierungen gezielt an Unternehmen zu vergeben, die ESG-Kriterien erfüllen.

Durch die Berücksichtigung von ESG-Faktoren bei der Kreditvergabe können Banken Unternehmen dazu ermutigen, nachhaltige Geschäftspraktiken zu übernehmen und umwelt- und sozialverträgliche Projekte zu unterstützen.

Sie können auch gezielte Finanzierungen für erneuerbare Energien, Umweltschutzmaßnahmen oder soziale Projekte bereitstellen.

12.2 ESG-Richtlinien und -Standards

Banken werden verstärkt eigene ESG-Richtlinien und -Standards entwickeln, um die Integration von ESG in ihre eigenen Geschäftspraktiken zu fördern. Sie können hierfür Kriterien festlegen, nach denen sie Unternehmen bewerten und finanzieren, um sicherzustellen, dass sie den ESG-Anforderungen entsprechen.

Darüber hinaus können Banken externe ESG-Standards und -Richtlinien nutzen, um ihre eigenen ESG-Praktiken zu verbessern und mit internationalen Best Practices Schritt zu halten.

12.3 Risikomanagement

ESG-bedingte Risiken können erhebliche Auswirkungen auf Unternehmen haben, insbesondere im Hinblick auf

Umwelt- und soziale Risiken. Banken spielen eine entscheidende Rolle bei der Bewertung und dem Management dieser Risiken im Zusammenhang mit Kreditvergaben und Investitionen.

Durch die Integration von ESG-Kriterien in ihre Risikobewertungsmodelle können Banken potenzielle finanzielle Risiken besser einschätzen und angemessene Maßnahmen ergreifen, um diese Risiken zu mindern.

12.4 ESG-Berichterstattung und Offenlegung

Banken sind in vielen Ländern gesetzlich verpflichtet, über ihre ESG-Praktiken und -Leistungen zu berichten. Dies beinhaltet die Offenlegung von Informationen auch über ihre eigene ESG-Performance. Durch transparente ESG-Berichterstattung können Banken ihre Stakeholder über ihre ESG-Strategie, -Leistungen und -Ziele informieren und ihre Glaubwürdigkeit in Bezug auf nachhaltige und verantwortungsvolle Geschäftspraktiken stärken.

Darüber hinaus prüft und bewertet die EZB[25] die Widerstandsfähigkeit der Banken gegenüber Klimarisiken durch Kredite, Sicherheiten und Beteiligungen. Hiervon sind mehr als 2.000 konsolidierte Bankengruppen betroffen, welche fast alle Banken im Euroraum abdecken.

Aufgrund dieser eigenen Verpflichtungen, welche auch im Zusammenhang mit ihrem Produktportfolio und ESG-konformen Kunden stehen, bekommen Banken ein rollenspezifisches Eigeninteresse, regulativ mit- und einzuwirken.

[25] Vgl. hierzu analog den auszugsweise zitierten Blogartikel von „Luis de Guindos", Vizepräsident der EZB (18.03.2021): „Stresstest: Ist die Wirtschaft gegen den Klimawandel gewappnet?" https://www.ecb.europa.eu/press/blog/date/2021/html/ecb.blog210318~3bbc68ffc5.en.html

12.5 ESG-Finanzprodukte und -Dienstleistungen

Banken können eine Vielzahl von Produkten und -Dienstleistungen anbieten, um Investoren dabei zu unterstützen, ihre ESG-Ziele zu erreichen. Dazu gehören nachhaltige Fonds, grüne Anleihen, ESG-Indexfonds, „Impact Investing" und andere Produkte, die speziell auf ESG-Kriterien ausgerichtet sind.

Durch diese Angebote ermöglichen es Banken Investoren, ihr Kapital gezielt in nachhaltige Projekte und Unternehmen zu investieren und damit den Übergang zu einer nachhaltigen Wirtschaft zu unterstützen.

12.6 Engagement und Einflussnahme

Banken können auch durch ihr Engagement und ihre Einflussnahme auf Unternehmen eine Rolle bei der Förderung von ESG spielen. Dies kann beispielsweise durch den Dialog mit Unternehmen, die Stimmrechtsausübung auf Hauptversammlungen oder die Teilnahme an Unternehmensgremien geschehen.

Banken haben so die Möglichkeit, auf Unternehmen einzuwirken und sie zu nachhaltigen Geschäftspraktiken zu bewegen, indem sie ihre Stimme als Aktionäre nutzen und auf Veränderungen drängen.

12.7 Förderung von ESG-Kompetenz

Banken können eine wichtige Rolle bei der Förderung von ESG-Kompetenz spielen, indem sie ihre Mitarbeiter entsprechend schulen und qualifizieren. Durch diese Schulungen und Weiterbildungsprogramme können Banken sicherstellen, dass ihre Mitarbeiter ein tiefes Verständnis für ESG-Themen entwickeln und in der Lage sind, ESG in ihre täglichen Aktivitäten und Entscheidungsprozesse einzubeziehen. Dies trägt zur Stärkung der ESG-Kompetenz in der gesamten Branche bei und fördert eine kohärente und nachhaltige Finanzpraxis.

12.8 Kooperation und Zusammenarbeit

Banken können durch Kooperationen und Zusammenarbeit mit anderen Akteuren im ESG-Bereich einen positiven Einfluss ausüben. Dies kann die Zusammenarbeit mit Regierungsbehörden, NGOs, anderen Finanzinstituten, Branchenverbänden und anderen Stakeholdern umfassen.

Durch gemeinsame Anstrengungen können Banken ihre Ressourcen und ihr Fachwissen bündeln, bewährte Praktiken teilen und gemeinsam an der Entwicklung von ESG-Standards, -Richtlinien und -Initiativen arbeiten. Dies fördert einen breiteren Wandel hin zu einer nachhaltigen und verantwortungsvollen Finanzindustrie.

12.9 Entwicklung von ESG-Standards und -Metriken

Banken können eine aktive Rolle bei der Entwicklung und Förderung einheitlicher ESG-Standards und -Metriken spielen. Durch die Zusammenarbeit mit anderen Finanzinstituten, Regulierungsbehörden und Standardisierungsorganisationen können sie dazu beitragen, einheitliche Richtlinien und Messgrößen für die Bewertung und Berichterstattung von ESG-Faktoren zu etablieren. Dies fördert die Vergleichbarkeit und Transparenz von ESG-Informationen und unterstützt Investoren bei der fundierten Entscheidungsfindung.

12.10 ESG-Integration in interne Prozesse

Banken können ESG in ihre internen Prozesse und Entscheidungsfindung integrieren. Dies umfasst die Überarbeitung von Kreditrichtlinien, Risikomanagementverfahren, Investmentstrategien und Anlagepolitiken, um

ESG-Faktoren angemessen zu berücksichtigen. Banken können auch spezialisierte ESG-Teams oder -Abteilungen einrichten, die für die Integration von ESG verantwortlich sind und sicherstellen, dass ESG-Aspekte systematisch in den Entscheidungsprozess einbezogen werden.

Die Rolle der Banken im ESG-Bereich ist weiterhin im Wandel und entwickelt sich ständig weiter. Immer mehr Banken erkennen die Bedeutung von ESG und nehmen eine aktivere Rolle bei der Förderung nachhaltiger und verantwortungsvoller Geschäftspraktiken ein. Dies spiegelt sich in ihren Strategien, Richtlinien und Produkten wider und trägt dazu bei, den Übergang zu einer nachhaltigen Wirtschaft zu beschleunigen.

So hat die Rolle der Banken in den letzten Jahren erheblich an Bedeutung gewonnen, da Nachhaltigkeitsaspekte immer stärker in den Fokus von Unternehmen, Investoren und der Gesellschaft rücken. Banken können als wichtige Finanzintermediäre[26] eine treibende Kraft sein, um den Übergang zu einer nachhaltigen Wirtschaft voranzutreiben und langfristigen Wert für ihre Kunden und Stakeholder zu schaffen.

Die genaue Rolle der Banken im ESG-Bereich hängt von verschiedenen Faktoren ab, wie beispielsweise der jeweils regionalen Regulierung, der Geschäftsstrategie und dem Engagement der jeweiligen Bank.

Grundsätzlich besteht kein Zweifel daran, dass Banken eine bedeutende Rolle bei der Förderung von ESG-Prinzipien spielen, um die durch ESG gesteckten Ziele zu unterstützen und langfristige Werte für ihre Kunden, Aktionäre und die Gesellschaft insgesamt zu schaffen.

---

[26] Finanzintermediäre gewährleisten eine schnelle und effiziente Befriedigung der einzelnen Bedürfnisse von Finanzmarktteilnehmern, indem sie dafür wichtige Funktionen übernehmen; vgl. https://www.bf.uzh.ch/financewiki/index.php?title=Finanzintermedi%C3%A4re

13. Wie wirkt sich ESG auf das Rating aus?

Die Integration von ESG in das Rating von Unternehmen kann verschiedene Auswirkungen haben. Hier sind einige Möglichkeiten, wie ESG-Faktoren das Rating beeinflussen können:

13.1 Verbesserte Kreditwürdigkeit

Unternehmen, die gute ESG-Praktiken umsetzen und über eine starke ESG-Performance verfügen, können in der Regel eine verbesserte Kreditwürdigkeit und Bonitätsbewertung erhalten. Dies liegt daran, dass eine gute ESG-Performance auf eine solide Unternehmensführung, entsprechende Maßnahmen im Risikomanagement sowie nachhaltige Geschäftsstrategien hinweist, die das Unternehmen widerstandsfähiger gegenüber potenziellen Risiken machen.

13.2 Niedrige Kapitalkosten

Unternehmen mit einer guten ESG-Performance können möglicherweise von niedrigeren Kapitalkosten profitieren. Investoren sind zunehmend bereit, in Unternehmen zu investieren, die nachhaltige und verantwortungsvolle Geschäftspraktiken aufweisen. Dies kann zu einem niedrigeren Risikoaufschlag für die Kreditaufnahme oder niedrigeren Eigenkapitalkosten führen, da das Vertrauen der Investoren in die langfristige Performance und Stabilität des Unternehmens gestärkt wird.

13.3 Zugang zu umweltbezogenen Finanzierungen

Unternehmen, die ESG-Prinzipien in ihre Geschäftspraktiken integrieren, können möglicherweise auf umweltbezogene Finanzierungen zugreifen. Dazu gehören grüne Anleihen, nachhaltige Kredite oder Förderprogramme, die darauf abzielen, umweltfreundliche Projekte zu unterstützen.

Durch die Bereitstellung von Finanzierungen für nachhaltige Projekte und Investitionen können diese Unternehmen ihre ESG-Performance stärken und gleichzeitig finanzielle Ressourcen mobilisieren, um ihre nachhaltigen Initiativen voranzutreiben.

13.4 Reputation und Wettbewerbsvorteil

Unternehmen, die ESG-Kriterien in ihrer Geschäftspraxis erfolgreich umsetzen, können einen positiven Ruf und Wettbewerbsvorteile erlangen. Eine starke ESG-Performance wird von Investoren, Kunden und anderen Stakeholdern zunehmend geschätzt.

Ein guter Ruf in Bezug auf ESG kann das Vertrauen der Kunden stärken, Investoren anziehen und zu einer positiven Wahrnehmung durch die Öffentlichkeit führen. Dies kann sich in einer verbesserten Marktposition, höheren Umsätzen und einer effizienteren Akquisition und Bindung von Talenten widerspiegeln.

13.5 Risikomanagement und Bewertung von ESG-Risiken

Die Berücksichtigung von ESG-Faktoren im Ratingprozess ermöglicht eine bessere Bewertung und Berücksichtigung von ESG-Risiken[27].

Unternehmen, die ESG-Risiken effektiv identifizieren, bewerten und verwalten, können potenzielle finanzielle Auswirkungen dieser Risiken reduzieren. Dies kann zu einer höheren Bewertung durch Ratingagenturen führen, da das Unternehmen als besser vorbereitet und widerstandsfähiger gegenüber ESG-Risiken angesehen wird.

[27] Siehe https://esg21.de/esg-risiken/

13.6 Langfristige Performance und Wertschöpfung

Die Integration von ESG in das Rating kann dazu beitragen, die Bewertung der langfristigen Performance und Wertschöpfung eines Unternehmens zu verbessern.

Die Berücksichtigung von ESG-Faktoren ermöglicht eine umfassendere Bewertung der Unternehmensführung, der strategischen Ausrichtung und der Risikomanagementpraktiken. Unternehmen, die langfristig nachhaltige und verantwortungsvolle Praktiken anwenden, können eine bessere Positionierung für langfristiges Wachstum und finanzielle Stabilität erreichen. Dies kann sich positiv auf das Rating auswirken und das Vertrauen der Anleger und Stakeholder in das Unternehmen stärken.

13.7 Erfüllung regulatorischer Anforderungen

In einigen Ländern und Regionen gibt es regulatorische Anforderungen, die Unternehmen dazu verpflichten, ESG-Faktoren in ihre Geschäftspraktiken einzubeziehen und darüber zu berichten.

Die Einhaltung dieser Vorschriften kann sich auf das Rating auswirken. Unternehmen, die den regulatorischen Anforderungen gerecht werden und transparent über ihre ESG-Performance berichten, können eine bessere Bewertung durch Ratingagenturen erhalten. Dies liegt daran, dass die Erfüllung dieser Vorschriften auf eine gute Governance, Compliance und Verantwortung hinweist.

Die unterschiedlichen Auswirkungen von ESG auf das Rating von Unternehmen hängt von verschiedenen Faktoren ab, einschließlich der spezifischen Ratingmethoden und -kriterien der einzelnen Ratingagenturen. Dennoch wird die Bedeutung von ESG-Faktoren im Ratingprozess immer stärker anerkannt und oft verlangt, da Investoren und Stakeholder zunehmend nachhaltige und verantwortungsbewusste Unternehmen unterstützen möchten.

ESG-Faktoren beeinflussen dabei nicht nur das Rating und somit finanzielle Vorteile eines Unternehmens, sondern tragen auch dazu bei, die langfristige Nachhaltigkeit und Widerstandsfähigkeit des Unternehmens sicherzustellen.

14. Welche Branchen haben den größten Nutzen?

Verschiedene Branchen können von der ESG-Integration profitieren. Hier sind einige Branchen, die potenziell einen großen Nutzen aus einer starken ESG-Performance ziehen können:

14.1 Erneuerbare Energien

Die Energiewende und der Übergang zu einer kohlenstoffarmen Wirtschaft bieten Chancen für Unternehmen im Bereich erneuerbarer Energien. Diese Unternehmen können von einer erhöhten Nachfrage nach sauberer Energie und nachhaltigen Technologien profitieren.

Anmerkung: Investitionen in erneuerbare Energien können dazu beitragen, die Abhängigkeit von fossilen Brennstoffen zu reduzieren und den Klimawandel einzudämmen.

14.2 Cleantech und Umwelttechnologie

Unternehmen, die innovative Lösungen für Umweltprobleme entwickeln, können von der wachsenden Nachfrage nach nachhaltigen Technologien und Lösungen profitieren. Dies umfasst Unternehmen, die sich auf Bereiche wie Energieeffizienz, Wassermanagement, Abfallwirtschaft, Recycling, Luftreinhaltung und nachhaltige Landwirtschaft konzentrieren.

Die zunehmende Sensibilisierung für Umweltprobleme und die verstärkte Nachfrage nach umweltfreundlichen Produkten und Dienstleistungen bieten Chancen für Unternehmen in diesen Branchen.

14.3 Sozialer Sektor

Unternehmen im sozialen Sektor, einschließlich Sozialunternehmen und gemeinnützige Organisationen, können von einer starken ESG-Performance profitieren. Diese

Unternehmen konzentrieren sich darauf, soziale Probleme anzugehen und positive Auswirkungen auf die Gesellschaft zu erzielen. Durch ihre Arbeit in Bereichen wie Bildung, Gesundheitswesen, Armutsbekämpfung, soziale Gerechtigkeit und Inklusion sowie Diversität können sie nicht nur gesellschaftlichen Nutzen schaffen, sondern auch langfristig wirtschaftlichen Erfolg erzielen.

Die Integration von ESG in die Aktivitäten aller gemeinwohlorientierten Organisationen kann dazu beitragen, ihren sozialen Mehrwert zu steigern und gleichzeitig nachhaltige Praktiken und werteorientierte Unternehmensführung zu etablieren. Es ist insbesondere bei Sozialunternehmen wichtig, die individuellen Ziele, Werte und eine klar formulierte Mission bei der Implementierung von ESG zu berücksichtigen.

14.4 Konsumgüter und Einzelhandel

Die Verbraucher werden zunehmend umwelt- und sozialbewusster und suchen nach nachhaltigen und ethisch produzierten Produkten.

Unternehmen im Konsumgüter- und Einzelhandelssektor, die ihre Lieferketten, Produktionsprozesse und Vertriebspraktiken im Einklang mit ESG-Prinzipien ausrichten, können einen Wettbewerbsvorteil erzielen. Sie können die Verbraucherloyalität steigern, neue Kundensegmente erschließen und ihre Marke stärken, indem sie auf Nachhaltigkeit und soziale Verantwortung setzen.

14.5 Finanzdienstleistungen

Die Integration von ESG in den Finanzdienstleistungssektor bietet sowohl Chancen als auch Herausforderungen. Banken, Versicherungsunternehmen und Investmentgesellschaften, die ESG-Kriterien in ihre Anlagestrategien und -entscheidungen integrieren, können ihren Kunden nachhaltige Investitionsmöglichkeiten bieten und eine langfristige Wertschöpfung fördern. Darüber hinaus können sie ihr eigenes Risikomanagement verbessern, indem sie ESG-Faktoren bei der Kreditvergabe und Kapitalallokation berücksichtigen.

ESG-orientierte Finanzdienstleister können auch von der steigenden Nachfrage nach ESG-Fonds, grünen Anleihen und anderen nachhaltigen Finanzprodukten profitieren.

14.6 Immobilienbranche

Unternehmen in der Immobilien- und Baubranche können beispielsweise von einer verbesserten Energieeffizienz und dem Einsatz nachhaltiger Baumaterialien profitieren. Auch die Ausrichtung auf Planungskonzepte, welche ESG-Kriterien derart berücksichtigen, dass sich soziale und umweltbewusste Merkmale darauf konzentrieren, Wohnraum plus dessen Umfeld als nachhaltigen Lebensraum für Menschen zu bauen.

14.7 Technologiesektor

Unternehmen im Technologiesektor können innovative Lösungen entwickeln, um Umweltauswirkungen zu reduzieren und nachhaltige Technologien zu fördern.

14.8 Automobilindustrie

Unternehmen in der Automobilindustrie können auf Elektrofahrzeuge und alternative Antriebe setzen, um den CO2-Fußabdruck zu verringern.

Das waren nur einige Beispiele für Branchen, die potenziell von ESG profitieren können. Es ist jedoch wichtig, festzuhalten, dass ESG mittlerweile in allen Branchen und Sektoren an Bedeutung gewonnen hat.
Unternehmen aus den verschiedensten Bereichen erkennen zunehmend, dass eine starke ESG-Performance sowohl finanzielle als auch nichtfinanzielle Vorteile bieten kann.

ESG wird zunehmend zu einem integralen[28] Bestandteil der Geschäftspraktiken und des Wettbewerbsvorteils.

Letztendlich können alle Branchen von der Integration von ESG profitieren, da dies dazu beiträgt, die Nachhaltigkeit, Widerstandsfähigkeit und langfristige Wertsteigerung von Unternehmen zu fördern. Die Vorteile umfassen eine verbesserte Reputation, bessere Zugangsmöglichkeiten zu Kapital und Finanzierungen, die Gewinnung und Bindung von Mitarbeitern sowie eine gesteigerte Kundennachfrage nach nachhaltigen Produkten und Dienstleistungen.

Daher ist es wichtig, dass Unternehmen die spezifischen ESG-Risiken und -Chancen für ihre Branche identifizieren und ihre Strategien entsprechend anpassen.

[28] „integral" (Adj.) = „ein Ganzes ausmachend, für sich bestehend, vollständig, wesentlich" (17. Jh.), aus spätlateinisch „integrālis" = „unversehrt, nicht geteilt"; verwandt mit „integer", „Integration", „Integrität".

ESG und Werte

15. Was sind Werte

15.1 Definition

Wertvorstellungen sind erstrebenswerte, moralisch oder ethisch als gut befundene spezifische Wesensmerkmale von Personen innerhalb einer Wertegemeinschaft. Aus bevorzugten Werten und Normen entstehen Denkmuster, Glaubenssätze und Handlungsmuster sowie eine dementsprechende Geisteshaltung.

Begriffe für Werte sind meist Substantive, die moralisch gut empfundene Eigenschaften verkörpern. Sie symbolisieren spezifische Sittlichkeit und beschreiben die zwischenmenschliche Qualität von Charaktereigenschaften und Nutzen stiftenden Merkmalen.[29]

15.2 Differenzierung der Begriffe „Wert" und „Werte"

Das Substantiv „Wert" (Einzahl) bedeutet, den meist objektiv oder selten subjektiv gemessenen Gehalt, Preis, Menge, Dimension einer Sache, eines Produktes mit bestimmten Eigenschaften zu bestimmen, beispielsweise gemessen in Geldwert (Münzen, Scheine, Aktien, Briefmarken, Produkte, Dienstleistungen) oder auch physikalische, mathematische, medizinische, architektonische, technische und statistische Werte wie Koordinaten, Gewicht, Größe, Volumen, Temperatur, Energielevel, Speichermenge, Geschwindigkeit, Beschleunigung und vieles mehr.

[29] Quelle: https://www.values-academy.de/was-sind-werte/ (abgerufen am 15.09.2023)

Kurz: Der „Wert“ an sich ist das Ergebnis einer Messung. Er besitzt im optimalen Falle eine Einheit[30] und eine Skalierung[31].

Erst der Begriff „Werte“ (Mehrzahl) wird auch – und heute insbesondere – in Verbindung mit menschlichen „Wertvorstellungen“ bzw. Wertesystemen verwendet.

15.3 Beschreibung im Kontext von ESG

Eine Lebensgemeinschaft (Kultur) prägt Werte und gibt sie weiter. Daraus entstehen kollektive Rituale und individuelle Verhaltensweisen zum Schutz oder zur Weiterentwicklung der jeweiligen Gruppe und/oder Sub-Gruppe.

Da Werte als wichtig und sinnstiftend gelten, werden diese vom Einzelnen entweder eingefordert oder selbst „gelebt“ (vorgelebt). Das Vorgeben von Werten ist in Gemeinschaften den „Älteren“ und den „Gebildeten“ zugeordnet und/oder vorbehalten, da sie die Aufgabe haben, bestimmte Werte zu überliefern. Wobei das Vorleben oder auch Einfordern von Werten durch alle Altersschichten individuell praktiziert werden kann, insbesondere auch dann, wenn es durch hierarchische Ebenen (zugewiesene Kompetenzbereiche) praktiziert wird.

Ein „voneinander Lernen“ und ein „sich gegenseitig inspirieren“ ist hier prinzipbedingt hilfreich und befruchtend.

Wenn Werte auf diese Weise transportiert werden, entstehen sogenannte Wertegemeinschaften auf unterschiedlichsten Ebenen. Bei einigen solcher kulturellen Gemeinschaften – insbesondere Nationen – wird eine sogenannte „Leitkultur[32]“ eingefordert.

---

[30] Einheit: terminologischer Begriff (z. B. Temperatur, Blutdruck, Geschwindigkeit, Umsatz, Freizeit etc.)

[31] Skala: Zahlenwerte, mit Einteilung in bewertender Form = Benchmarking = „Maßstäbe vergleichen“ (z. B. fachterminologisch festgelegte Zahlenwerte, Angaben in Prozent, Schulnoten, +/- etc.

[32] Leitkultur: System gesellschaftlicher und kultureller Eigenschaften, an denen sich ein Land oder eine Nation orientieren soll; vgl. https://www.values-academy.de/leitkultur/

Aus den von einer Gemeinschaft präferierten Werten werden sogenannte Wertesysteme[33] – oder besser (hier) „**Soziokulturelle Wertesysteme**": selbst aufgestellte Wertesysteme von Gruppen von Menschen (Organisationen, Staaten, Staatenbündnisse) wie sie z. B. in Satzungen, Verfassungen, Leitbilder oder Mission Statements als normativer Rahmen zusammengefasst sind.

So können wir die drei Bereiche von ESG mit Werten bestücken, die einen derartigen normativen Rahmen so ausdrücken, dass sie besser verstehbar und auch messbar (siehe oben) sind.

Wir haben eine Zuordnung im Kapitel „Was sind die wichtigsten ESG-Werte und Wertesysteme?" ab Seite 93 vorgenommen.

15.4 Praktisch philosophische Begründung

Wertesystemisch betrachtet ist ESG ein demokratisches Instrument, das auf der einen Seite einer weitsichtigen Vision entspringt und auf der anderen Seite mit rechtsstaatlichen Mitteln implementiert werden soll.

Dabei können wir eine dezidierte Intention identifizieren, die vom Wesen her dem „Kategorischen Imperativ[34]" von Kant folgt.

Der „Kategorische Imperativ" lautet:

> ***„Handle nur nach derjenigen Maxime, durch die du zugleich wollen kannst, dass sie ein allgemeines Gesetz werde."***
>
> *Immanuel Kant (1724–1804); aus „Grundlegung zur Metaphysik der Sitten" (1785)*

Somit bilden die ursprünglich festgelegten ESG-Kriterien den Rahmen und die Maxime, also das „Warum" (Motiv, Beweggrund) und die nun zu bestimmenden Werte das „Wie".

---

[33] Vgl. https://www.values-academy.de/was-sind-wertesysteme/

[34] „Kategorischer Imperativ": Wird als „Bestimmung des guten Willens" von Immanuel Kant in der „Grundlegung zur Metaphysik der Sitten" (1785) erstmals vorgestellt und in der „Kritik der praktischen Vernunft" (1788) ausführlicher beschrieben.

16. ESG und aktive Wertearbeit

Wobei kann diesbezüglich aktive Wertearbeit und das Ermitteln der richtigen Werte helfen?

Aktive Wertearbeit und das Ermitteln der richtigen Werte können Unternehmen dabei unterstützen, ESG erfolgreich in ihre Geschäftspraktiken zu integrieren. Hier sind einige Möglichkeiten, wie dies geschehen kann:

16.1 Identifikation von Schlüsselwerten

Durch aktive Wertearbeit können Unternehmen ihre Schlüsselwerte ermitteln und definieren. Dies beinhaltet die Reflexion über die Grundprinzipien und ethischen Überzeugungen, die das Unternehmen leiten sollen. Durch die Identifikation der richtigen Werte können Unternehmen eine klare Ausrichtung für ihre ESG-Strategie und -Maßnahmen schaffen.

16.2 Systemische Aufstellung von Werten

Damit ermittelte und beispielsweise in einem Leitbild genannten Werte etabliert und von allen Stakeholdern – insbesondere den Mitarbeitern und Lieferanten – akzeptiert werden, sollten Werte nach dem Verfahren des logischen TCVS[35] ermittelt, aufgestellt und kommuniziert werden. Insbesondere die Reihenfolge der Ermittlungen zu beachten ist wichtig, um eine möglichst hohe Akzeptanz zu erreichen, verbunden mit der Bereitschaft jedes Einzelnen, Verantwortung für die bestimmten Werte zu übernehmen.

[35] TCVS: „Triple Corporate Values System"oder das „3-fache Wertesystem für Organisationen". Siehe Kurzbeschreibung mit Schaubild unter https://esg21.de/tcvs/

16.3 Ausrichtung auf langfristige Nachhaltigkeit

Eine Wertearbeit kann dazu beitragen, den Fokus auf langfristige Nachhaltigkeit zu lenken. Unternehmen können Werte identifizieren, die das Engagement zur nachhaltigen Entwicklung, zum Umweltschutz, zur sozialen Verantwortung und zur guten Unternehmensführung reflektieren. Durch die Verankerung dieser Werte im Unternehmen können langfristige Ziele und Strategien entwickelt werden, die eine nachhaltige Leistung und einen positiven gesellschaftlichen Beitrag ermöglichen.

16.4 Kultur der Verantwortung

Durch Wertearbeit kann eine Unternehmenskultur der Verantwortung geschaffen werden, die in den ESG-Prinzipien fest verankert ist.

Mitarbeiter werden dazu ermutigt, ethisches Verhalten und nachhaltige Entscheidungsfindung zu fördern. Eine solche Kultur der Verantwortung kann dazu beitragen, dass ESG-Praktiken in den täglichen Betrieb integriert werden und von allen Mitarbeitern unterstützt und gelebt werden.

16.5 Stakeholder-Einbindung

Wertearbeit kann helfen, die Bedürfnisse und Erwartungen der Stakeholder zu verstehen und zu berücksichtigen. Unternehmen können ihre Werte und Geschäftspraktiken an den Interessen ihrer Stakeholder ausrichten, darunter Kunden, Mitarbeiter, Lieferanten, Investoren und die Gemeinschaft. Dies ermöglicht eine engere Zusammenarbeit und eine bessere Abstimmung der ESG-Initiativen mit den Bedürfnissen der Stakeholder.

16.6 Ethik in Entscheidungsprozessen

Durch Wertearbeit können Unternehmen Ethik in ihre Entscheidungsprozesse integrieren. Werte dienen als Leitprinzipien für die Bewertung von Optionen und die Auswahl von Maßnahmen. Eine ethisch fundierte Entscheidungsfindung ermöglicht es Unternehmen, ESG-Faktoren angemessen zu berücksichtigen und langfristig nachhaltige Entscheidungen zu treffen, die den Interessen aller Stakeholder gerecht werden.

16.7 Kommunikation und Transparenz

Wertearbeit unterstützt Unternehmen dabei, ihre ESG-Praktiken und -Leistungen transparent zu kommunizieren. Durch klare und konsistente Kommunikation können Unternehmen ihr Engagement für ESG-Aspekte deutlich machen und das Vertrauen der Stakeholder gewinnen. Die Offenlegung von ESG-Informationen, wie beispielsweise in Nachhaltigkeitsberichten oder ESG-Ratings, ermöglicht es den Stakeholdern, die Performance des Unternehmens im ESG-Bereich zu bewerten und fundierte Entscheidungen zu treffen.

16.8 Kontinuierliche Reflexion und Anpassung

Wertearbeit erfordert eine kontinuierliche Reflexion und Anpassung der Unternehmenswerte im Hinblick auf ESG. Unternehmen sollten regelmäßig ihre Werte überprüfen und sicherstellen, dass sie mit den aktuellen und zukünftigen Herausforderungen und Chancen im ESG-Bereich übereinstimmen. Dies erfordert eine offene und lernende Unternehmenskultur, in der Feedback und Rückmeldungen von Stakeholdern aktiv eingeholt und genutzt werden, um die ESG-Strategie und -Praktiken zu verbessern.

16.9 Verantwortungsvolle Lieferketten

Wertearbeit kann dazu beitragen, dass Unternehmen ihre Lieferketten verantwortungsvoll gestalten. Dies umfasst die Bewertung und Auswahl von Lieferanten und Partnern, die ebenfalls ESG-Prinzipien einhalten.

Durch die Einbindung von *wertebasierten*[36] ESG-Kriterien in die Lieferkettenstrategie können Unternehmen sicherstellen, dass Umwelt-, soziale und Governance-Aspekte entlang der gesamten Wertschöpfungskette berücksichtigt werden. Dies unterstützt die Nachhaltigkeit und Ethik des Unternehmens und reduziert potenzielle Risiken in Bezug auf Menschenrechte, Arbeitsbedingungen und Umweltauswirkungen.

16.10 Innovationskraft und zukunftsorientierte Ausrichtung

Wertearbeit kann Unternehmen dazu motivieren, eine starke Innovationskultur zu entwickeln und zukunftsorientiert zu denken. Die Identifikation der richtigen Werte kann dazu führen, dass Unternehmen ihre ESG-Strategie mit Innovationsbemühungen verknüpfen, um nachhaltige Produkte, Dienstleistungen und Geschäftsmodelle zu entwickeln. Dies ermöglicht es Unternehmen, den Wandel zu einer nachhaltigen Wirtschaft aktiv mitzugestalten und gleichzeitig Wettbewerbsvorteile zu erzielen.

16.11 Mitarbeiterengagement und -motivation

Wertearbeit kann dazu beitragen, Mitarbeiter stärker zu engagieren und zu motivieren. Wenn Mitarbeiter die Werte des Unternehmens teilen und sich mit den ESG-Prinzipien identifizieren, sind sie eher bereit, sich für die Umsetzung von ESG-Maßnahmen einzusetzen. Dies fördert eine positive Unternehmenskultur, steigert die Mitarbeiterzufriedenheit und -bindung und kann zu höherer Produktivität und Innovation führen.

[36] Vgl. auch die Tabelle der ESG-Werte unter: https://esg21.de/esg-werte/

16.12 Kundenbindung und Markenimage

Wertearbeit und die Ermittlung der richtigen Werte können Unternehmen dabei unterstützen, Kundenbindung und ein positives Markenimage aufbauen. Kunden werden zunehmend auf Nachhaltigkeitsaspekte und Unternehmensethik achten. Hierbei sind authentische und transparente Kommunikation heute schon enorm wichtig.

Unternehmen, die ihre Werte klar kommunizieren und ihre ESG-Praktiken aktiv umsetzen, können das Vertrauen der Kunden gewinnen und eine loyale Kundenbasis aufbauen. Dies kann zu einer stärkeren Kundenbindung, positiven Empfehlungen und einer verbesserten Marktpositionierung führen.

16.13 Risikomanagement und Resilienz

Wertearbeit und die Identifikation der richtigen Werte spielen eine wichtige Rolle beim Risikomanagement und der Stärkung der Resilienz eines Unternehmens.

Durch die Einbindung von *wertebasierten* ESG-Prinzipien in die Unternehmenskultur und -strategie können potenzielle Risiken frühzeitig erkannt und darauf reagieren werden – insbesondere dann, wenn Werte diesen Prinzipien als Qualitätsmaßstab systemisch zugeordnet sind.

Eine starke ESG-Performance kann dazu beitragen, Umwelt-, soziale und Governance-Risiken zu minimieren, die Reputation zu schützen und die finanzielle Stabilität des Unternehmens zu erhöhen. Unternehmen, die Orientierung schaffende und auf Stabilität ausgerichtete ESG-Werte in ihre Geschäftspraktiken integrieren, sind besser gerüstet, um auf unvorhergesehene Ereignisse zu reagieren und langfristige Widerstandsfähigkeit aufzubauen.

16.14 Investorenattraktivität und Kapitalbeschaffung

Wertearbeit und die klare Identifikation von Werten können die Attraktivität eines Unternehmens für Investoren erhöhen und die Kapitalbeschaffung erleichtern. Investoren könnten ihre Anlageentscheidungen auch darauf ausrichten, dass bestimmte Werte, welche auch in ihren eigenen Statements auftauchen, übereinstimmen und gleichermaßen zu einer starken ESG-Performance führen.

Unternehmen mit einer klaren ESG-Strategie und starken Werten haben bessere Chancen, Investoren anzuziehen und Kapital zu mobilisieren.

16.15 Regulatorische Compliance und Reputationsrisiken

Wertearbeit kann Unternehmen helfen, regulatorischen Anforderungen gerecht zu werden und Reputationsrisiken zu minimieren.

Durch die Identifikation der richtigen Werte und die Integration von ESG-Prinzipien in die Geschäftspraktiken können Unternehmen sicherstellen, dass sie den rechtlichen und regulatorischen Rahmenbedingungen entsprechen. Dies reduziert das Risiko von Sanktionen, Bußgeldern und negativer öffentlicher Wahrnehmung.

Eine gute ESG-Performance und die Einhaltung ethischer Standards tragen zur Stärkung des Unternehmensimages bei und schützen vor potenziellen Reputationsrisiken, die sich auf Kundenvertrauen, Investoreninteresse und die Beziehung zu anderen Stakeholdern auswirken können.

Die aktive Wertearbeit und die Ermittlung der richtigen Werte sind entscheidend, um eine nachhaltige und erfolgreiche Integration von ESG in Unternehmen zu gewährleisten. Indem Unternehmen ihre Werte klar definieren und diese mit proaktiver Wertearbeit in ihre Strategie, Kultur und tägliche Arbeitsweise einbeziehen, können sie eine solide Grundlage für eine nachhaltige, verantwortungsvolle und zukunftsorientierte Unternehmensführung schaffen.

Eine klare Ausrichtung auf ESG-Prinzipien unterstützt Unternehmen dabei, langfristigen Erfolg, Widerstandsfähigkeit und eine positive gesellschaftliche Wirkung zu erzielen.

17. Beispiele für gelungene Integration von ESG

Es gibt viele Unternehmen, die eine erfolgreiche Integration von ESG in ihre Geschäftspraktiken erreicht haben. Hier sind einige Beispiele von Unternehmen, die als Vorreiter in der ESG-Integration gelten und dabei ihre Werte klar kommunizieren:

17.1 Unilever

Unilever ist ein globales Konsumgüterunternehmen, das eine starke ESG-Performance aufweist.

Das Unternehmen hat sich dazu verpflichtet, bis 2030 den CO2-Ausstoß seiner Produkte auf den gesamten Lebenszyklus um die Hälfte zu reduzieren und bis 2025 100 % seiner landwirtschaftlichen Rohmaterialien aus nachhaltigen Quellen zu beziehen.

Unilever hat auch Maßnahmen ergriffen, um die Geschlechtergleichstellung zu fördern und soziale Ungleichheiten anzugehen. Diese Bemühungen haben dazu geführt, dass Unilever regelmäßig in ESG-Rankings und -Indizes hoch eingestuft wird.

17.2 Tesla

Tesla ist ein führender Hersteller von Elektrofahrzeugen und ein Vorreiter im Bereich nachhaltiger Mobilität.

Das Unternehmen hat es sich zum Ziel gesetzt, den Übergang zu einer kohlenstoffarmen Zukunft zu beschleunigen und eine nachhaltige Alternative zu herkömmlichen Verbrennungsmotoren anzubieten.

Tesla hat nicht nur innovative Elektrofahrzeuge entwickelt, sondern auch in den Aufbau einer umfassenden Ladeinfrastruktur investiert. Das Unternehmen hat auch einen starken Fokus auf erneuerbare Energien und investiert in Solar- und Energiespeicherlösungen. Diese Versuche haben Tesla zu einem führenden Unternehmen im Bereich der ESG-Integration gemacht und hat eine hohe Nachfrage von Investoren und Verbrauchern erzeugt.

17.3 Patagonia

Patagonia ist ein bekanntes Unternehmen im Outdoor-Bekleidungssektor und hat sich einen Ruf für seine starke ESG-Performance erarbeitet.

Das Unternehmen hat sich der Förderung von Umweltschutz, sozialer Verantwortung und ethischem Geschäftsverhalten verschrieben. Patagonia setzt sich aktiv für den Erhalt natürlicher Ressourcen ein, unterstützt Umweltschutzprojekte und engagiert sich für faire Arbeitsbedingungen in der Lieferkette.

Patagonia hat auch eine „Worn Wear"-Initiative ins Leben gerufen, die Reparaturen und Recycling von Kleidung fördert, um die Lebensdauer von Produkten zu verlängern und Abfall zu reduzieren. Patagonia ist dafür bekannt, seine Werte konsequent in die Geschäftspraktiken zu integrieren und hat dadurch eine loyale Kundengemeinschaft aufgebaut.

17.4 Novo Nordisk

Novo Nordisk ist ein dänisches Pharmaunternehmen, das sich auf Diabetesmedikamente und -behandlungen spezialisiert hat.

Das Unternehmen hat eine starke ESG-Performance gezeigt, indem es sich auf soziale Verantwortung und Nachhaltigkeit konzentriert. Novo Nordisk hat sich verpflichtet, den Zugang zu Diabetesbehandlungen in Entwicklungsländern zu verbessern und sich für die Aufklärung über Diabetes einzusetzen.

Novo Nordisk hat auch seine Umweltauswirkungen reduziert und eine nachhaltige Beschaffungspolitik implementiert. Novo Nordisk hat eine führende Position im Dow Jones Sustainability Index (DJSI) inne und hat mehrere Auszeichnungen für seine ESG-Performance erhalten.

Dies sind nur einige Beispiele für bekannte Unternehmen, welche ESG erfolgreich in ihre Geschäftspraktiken integriert haben. Sie zeigen, dass es möglich ist, positive finanzielle Ergebnisse zu erzielen und gleichzeitig einen Beitrag zur Umwelt, Gesellschaft und Unternehmensführung zu leisten. Sie dienen als Inspiration und Vorbild.

Hinweis: *Alle Listen werden unter www.esg21.de fortgesetzt und optimiert.*

18. Deutsche Unternehmen als Beispiele

Liste und Rankings von deutschen Unternehmen, die gemäß ESG-Kriterien und speziell im Bereich Umweltschutz und Soziales aktiv und wirksam sind.

18.1 VAUDE

Ein deutsches Unternehmen, das auf die Herstellung von Outdoor-Bekleidung und -Ausrüstung spezialisiert ist und einen guten Ruf für sein Engagement im Bereich Nachhaltigkeit und soziale Verantwortung besitzt.
Dabei hat es eine starke ESG-Ausrichtung und ist dafür bekannt, seine Umweltauswirkungen zu reduzieren sowie ein soziales Unternehmertum zu pflegen.

Folgende Maßnahmen wurden dabei getätigt:

Nachhaltige Produktion

VAUDE verwendet umweltfreundliche Materialien und Produktionsverfahren, um die Umweltauswirkungen seiner Produkte zu minimieren.
Dabei setzt sich das Unternehmen aktiv für eine umweltverträgliche Herstellung ein.

Soziale Verantwortung

Das Unternehmen engagiert sich für faire Arbeitsbedingungen in seiner Lieferkette und ist Mitglied in zahlreichen Initiativen und Organisationen, welche soziale Standards und Menschenrechte fördern.

Transparenz und Berichterstattung

VAUDE legt großen Wert auf transparente Kommunikation über seine Nachhaltigkeitsbemühungen und veröffentlicht regelmäßig Nachhaltigkeitsberichte.

Nachhaltige Produktentwicklung

Das Unternehmen strebt danach, langlebige Produkte herzustellen, die reparierbar und wiederverwendbar sind, um die Verschwendung von Ressourcen zu reduzieren.

Klimaneutralität

VAUDE hat sich das Ziel gesetzt, vollständig klimaneutral zu werden und seine CO2-Emissionen zu reduzieren.

Insgesamt gesehen ist VAUDE ein gutes Beispiel, wie ESG-Prinzipien wirksam integriert werden können.
Dieser verantwortungsbewusste Einsatz hat dazu beigetragen, dass VAUDE in der Outdoor-Branche als Vorreiter in Sachen Nachhaltigkeit und sozialer Verantwortung wahrgenommen wird.

18.2 Siemens

Ein deutsches Technologie-Unternehmen, das bei ESG (Environmental, Social and Governance) als führend angesehen wird, ist die Siemens AG.

Siemens hat sich stark auf Nachhaltigkeit und verantwortungsvolle Unternehmensführung konzentriert und wurde für seine ESG-Performance vielfach ausgezeichnet.

Das Unternehmen hat ehrgeizige Ziele in Bezug auf CO2-Reduktion, Ressourceneffizienz und erneuerbare Energien gesetzt.

Siemens hat auch eine transparente Berichterstattung über ESG-Aspekte implementiert und setzt sich für soziale Verantwortung und gute Arbeitsbedingungen ein.
Das Unternehmen wird regelmäßig in Nachhaltigkeitsindizes und -rankings hoch eingestuft und hat eine starke Präsenz im Dow Jones Sustainability Index (DJSI).

18.3 Weitere deutsche Unternehmen

Hier zitieren wir auszugsweise die Liste der Zeitschrift „WirtschaftsWoche" in puncto Nachhaltigkeit:

Rang	Unternehmen	Schwerpunkt
1	Elobau	Sensortechnik
2	Rapunzel Naturkost	Biolebensmittel
3	STEICO	Ökologische Dämmstoffe
4	Aixtron	Anlagenbau für Halbleiterindustrie
5	Bohlsener Mühle	Verarbeitung von Biogetreide
6	Vilsa-Brunnen Otto Rodekohr	Mineralwasser und Erfrischungs·getränke
7	Vaude Sport	Outdoor- und Sportbekleidung
8	Evotec	Biotechnologie
9	Xella International	Bau- und Dämmstoffe
10	Südpack Holding	Lebensmittelverpackungen
11	Andechser Molkerei Scheitz	Ökologische Milchprodukte
12	Rinn Beton- und Naturstein	Baustoffe
13	Ottobock	Orthopädietechnik
14	Hansgrohe	Armaturen
15	Bionade	Bioerfrischungsgetränke
16	TeamViewer Germany	Softwarelösungen
17	Alnatura	Biolebensmittel
18	Jenoptik	Laser und Materialbearbeitung
19	Lorenz Bahlsen	Knabbergebäck
20	Remex	Abfallentsorgung
21	Rügenwalder Mühle Carl Müller	Wurst und fleischlose Alternativen
22	Green It – Das Systemhaus	Nachhaltige IT-Lösungen
23	SMA Solar Technology	Wechselrichter für Fotovoltaik
24	Schwan Cosmetics	Kosmetik
25	Ludwig Stocker Hofpfisterei	Ökologische Backwaren

Quelle: https://www.wiwo.de/unternehmen/mittelstand/ranking-das-sind-die-50-nachhaltigsten-unternehmen/29218768.html ((Stand: 23. Juni 2023)
***Hinweis:** Alle Listen werden unter www.esg21.de fortgesetzt und optimiert.*

19. Wertemanagement und ESG

Wie Wertemanager Unternehmen dabei unterstützen können, den Bereich Wertearbeit in ESG zu etablieren.

Auf Wertearbeit spezialisierte Werte-Akademien bzw. Berater können Unternehmen dabei unterstützen, den Bereich Wertearbeit für ESG zu etablieren, indem sie verschiedene Dienstleistungen und Programme anbietet. Wir fassen alle Berater und Coaches in Sachen Werte und Wertearbeit in diesem Kontext als „Wertemanager" zusammen.

Hier sind einige Möglichkeiten, wie Unternehmen unterstützt werden können:

19.1 Beratung und Schulung

Ein Wertemanager kann Unternehmen beraten und ihnen helfen, ihre Werte zu identifizieren, zu definieren und in ihre Geschäftspraktiken zu integrieren. Dies kann durch Workshops, Schulungen und Coaching erfolgen, bei denen die Mitarbeiter in Wertearbeit und ESG-Prinzipien geschult werden.

Weiterhin kann er dabei unterstützen, Schulungen und Workshops zu organisieren, in denen die Bedeutung und praktische Anwendung dieser Werte vermittelt werden. Durch interaktive Aktivitäten, Fallstudien und Diskussionen können Mitarbeiter lernen, wie sie Menschlichkeit, Kommunikation und Work-Life-Balance in ihren Arbeitsalltag integrieren können.

19.2 Entwicklung von ESG-Strategien

Wertemanager können Unternehmen bei der Entwicklung und Umsetzung von ESG-Strategien unterstützen. Dies beinhaltet die Identifizierung relevanter ESG-Themen und die Definition von Zielen und Maßnahmen zur Integration von ESG-Prinzipien in die Unternehmensstrategie. Dabei werden alle relevanten Bereiche und Kriterien mit ganz bestimmten ESG-Werten verbunden und im optimalen Fall mit den vorhandenen Werten aus dem Leitbild bzw. Mission Statement systemisch verknüpft, aufgestellt und beschrieben (Haltungswerte[37]).

Auch kann der Wertemanager dabei helfen, eine umfassende und auf den Wertekanon ausgerichtete ESG-Strategie – in Kombination mit einer entsprechend ausgerichteten Vision – zu entwickeln, welche die Werte des Unternehmens widerspiegelt.

19.3 Implementierung von ESG-Praktiken

Ein Wertemanager kann Unternehmen dabei unterstützen, konkrete ESG-Praktiken und -Maßnahmen in ihren Geschäftsbetrieb zu integrieren. Dies kann die Entwicklung von Leitlinien und Richtlinien zur Umsetzung von ESG-Prinzipien umfassen, die Integration von ESG in die Lieferkette, die Implementierung von ESG-Risikomanagementprozessen und die Etablierung von ESG-Kennzahlen und Berichterstattungssystemen.
Auch kann er Unternehmen dabei helfen, diese Maßnahmen an ihre spezifischen Bedürfnisse und Ziele anzupassen und sicherzustellen, dass sie effektiv und nachhaltig umgesetzt werden.

19.4 Monitoring und Bewertung der Performance (Supervision)

Ein Wertemanager kann Unternehmen bei der kontinuierlichen Überwachung und Bewertung sowie Supervision ihrer ESG-Performance unterstützen. Dies umfasst die Entwicklung von KPIs und Kennzahlen, um die Fortschritte in Bezug auf ESG-Ziele zu messen, sowie die Implemen-

[37] Haltungswerte: Vgl. die Definition und Beschreibung von Haltung (Geisteshaltung): https://www.values-academy.de/haltung/

tierung von Prozessen zur regelmäßigen Berichterstattung über die ESG-Leistung des Unternehmens.

Insbesondere durch das jeweilige Abgleichen der Ziele mit den zuvor aufgestellten Werten sowie der zusätzlichen Entwicklung von wertebasierten KPIs, kann eine deutlich konkretere Bewertung der ESG-Performance erfolgen. Auf dieser Grundlage können weitere Anpassungen und Verbesserungen vorgenommen werden, die durch das Verknüpfen mit intrinsisch motivierten Werten eine hohe Akzeptanz bei allen Beteiligten erreichen können. Dies basiert auf der Logik der „Werteketten[38]".

19.5 Bewusstseinsbildung und Kommunikation

Ein Wertemanager kann Unternehmen dabei unterstützen, das Bewusstsein für ESG-Themen zu schärfen und die interne und externe Kommunikation in Bezug auf ESG zu verbessern. Dies kann Schulungen und Workshops für Mitarbeiter umfassen, um ihr Verständnis für ESG-Prinzipien und deren Bedeutung zu fördern.

Durch ein *stimmiges* Verbinden der ESG-Themen mit bestimmten Werte-Typen[39] (hier beispielsweise die sozialen und agilen Werte) entsteht Interesse, Verantwortung für eine bessere Kommunikation zu übernehmen. Dadurch werden bestimmte soziale Haltungsaspekte animiert, die das Bewusstsein für ESG insgesamt schärfen.

19.6 Netzwerke und Kooperationen

Ein Wertemanager kann Unternehmen bei der Bildung von Netzwerken und der Zusammenarbeit mit anderen Organisationen unterstützen, um Erfahrungen auszutauschen und voneinander zu lernen.

---

[38] Wertekette: Vgl. Begriffsdefinition und Beschreibung unter https://www.values-academy.de/wertekette/

[39] Werte-Typen: Vgl. die Beschreibung unter https://www.values-academy.de/werte-typen/

Da Wertemanager und -coaches oft selbst gut vernetzt sind, können sie Unternehmen mit Experten, Branchenverbänden und anderen relevanten Akteuren vernetzen, um Erfahrungen und Erlebnisse im Bereich ESG zu teilen – insbesondere ist der Austausch über Erfahrungen im Bereich Wertearbeit oft sinnvoll, da es bisher nur wenig öffentlich bekannte Erkenntnisse im konkreten Umgang mit Werten gibt.

Auch ist insbesondere das „wertebasierte" ESG eine interdisziplinäre Angelegenheit, bei der Transparenz, ein intensiver Austausch und dem Wunsch, voneinander zu lernen geprägt ist. Durch derartig moderierte Kooperationen können Unternehmen von den Erfahrungen anderer profitieren und gemeinsam an der Weiterentwicklung von ESG-Initiativen und -Strategien arbeiten.

Hinweis: Wertemanager werden von der international agierenden Values Academy[40] ausgebildet und auch speziell zu ESG-Themen weitergebildet. Diese können Unternehmen durch ihre Expertise und ihre vielfältigen Dienstleistungen dabei unterstützen, den Bereich Wertearbeit auch für ESG erfolgreich zu etablieren. Die Wertemanager der Values Academy bieten vielschichtige und spezifische Lösungen an, um Unternehmen bei der Integration von ESG-Prinzipien in ihre Geschäftspraktiken zu unterstützen und eine nachhaltige und verantwortungsvolle Unternehmensführung zu fördern.

[40] Values Academy: Hauptsitz ist Köln (Hürth)

20. Zwischenfazit

ESG steht wertebasiert für

- **Umwelt** (Environmental),
- **Soziales** (Social) sowie
- **Unternehmensführung** (Governance)

und bezieht sich auf die Integration von Nachhaltigkeitsaspekten in Unternehmen.

Wenn ESG-Prinzipien mit konkreten Werten und Wertesysteme bestückt werden, können Unternehmen ökologische und soziale Herausforderungen angehen und eine verantwortungsvolle Unternehmensführung sicherstellen.
Bestenfalls, indem diese Prinzipien mit Werten verknüpft werden, die beispielsweise in einem Leitbild, Mission Statement oder zukunftsweisenden Unternehmensphilosophie ausformuliert sind.
Dies unterstützt dabei, auch alle Mitarbeiter und Lieferanten auf diese Ziele, Werte und Motive auszurichten.

Um ESG durch gelebte Werte sozial zu etablieren, ist es wichtig, eine klare Wertebasis zu definieren und diese in die Unternehmenskultur zu integrieren.
Unternehmen können dies erreichen, indem sie ihre Werte transparent kommunizieren, Schulungen und Workshops anbieten, um das Bewusstsein und das Verständnis für diese Leitsätze zu fördern, und ihre Wertesysteme in HR-Prozesse, Unternehmenspraktiken und Führungsentwicklung einbinden.

Durch die konsequente Umsetzung der Werte können Unternehmen eine positive Unternehmenskultur schaffen, die „ESG-Werte" in den Alltag integriert und die Mitarbeiter dazu befähigt, diese in ihrem definierten Arbeitsumfeld umzusetzen.

Indem Unternehmen ihre Werte leben, können sie zu einer nachhaltigen Entwicklung beitragen und das Vertrauen ihrer Stakeholder gewinnen.

21. Was sind die wichtigsten ESG-Werte und Wertesysteme?

Bei der Integration von ESG in Organisationen spielen verschiedene Werte und Wertesysteme eine wichtige Rolle. Hier sind einige der wichtigsten „ESG-Werte" und Wertesysteme, die von einem Gremium der Values Academy speziell für diese Publikation aufgestellt wurden:

21.1 Umweltschutz

Ein Wertesystem, das sich auf den Schutz und die Erhaltung der Umwelt konzentriert. Dies umfasst Maßnahmen zur Reduzierung des ökologischen Fußabdrucks, zum verantwortungsvollen Umgang mit Ressourcen, zur Förderung erneuerbarer Energien und zur Minimierung von Umweltauswirkungen.

Wichtige zugeordnete Werte aus dem WELEX[41]:

- Verantwortung
- Nachhaltigkeit
- Besonnenheit (im Sinne von Behutsamkeit und Schonung),
- Innovation
- Weitsicht
- Respekt (vor der Natur)
- Effizienz (hier: Energieeffizienz)
- Sensibilität (hier: Umweltbewusstsein)
- **Bescheidenheit** (hier: weniger Konsum).

---

[41] WELEX: Werte-Lexikon der VALUES ACADEMY

21.2 Arbeitsplatzsicherheit

Ein Wertesystem, das sich auf die Sicherheit, Gesundheit und das Wohlbefinden der Mitarbeiter konzentriert. Dies beinhaltet Maßnahmen zur Gewährleistung eines sicheren Arbeitsumfelds, zur Förderung von Gesundheitsprogrammen, zur Work-Life-Balance und zur Unterstützung des Wohlbefindens der Mitarbeiter.

Wichtige zugeordnete Werte aus dem WELEX:

- Verantwortung
- Achtsamkeit
- Sorgfalt
- Besonnenheit
- Gesundheit
- Sicherheit
- Work-Life-Balance (ein begriffliches Wertesystem)
- Ruhe
- Rücksichtnahme
- Hilfsbereitschaft

21.3 Ethik

Ethik ist ein aus verantwortungsbewusster Haltung bestehendes gedankliches Konstrukt, das auf moralischen und sozialen Grundsätzen, konstruktiven Wertvorstellungen und insbesondere Integrität basiert. Dies beinhaltet die Einhaltung hoher ethischer Standards, transparente Geschäftspraktiken, verantwortungsvolle Unternehmensführung, faire Geschäftspraktiken und die Vermeidung von Korruption.

Wichtige zugeordnete Werte aus dem WELEX:

- Anerkennung
- Integrität

- Weitsicht
- Toleranz
- Transparenz
- Nächstenliebe
- Menschlichkeit (ein begriffliches Wertesystem)

21.4 Stakeholder-Engagement und Dialog

Ein Wertesystem, das die Bedeutung der Einbindung und des Dialogs mit den verschiedenen Stakeholdern eines Unternehmens betont. Dies beinhaltet den aktiven Austausch mit Kunden, Lieferanten, Mitarbeitern, Investoren, Gemeinden und anderen relevanten Interessengruppen, um deren Bedürfnisse und Erwartungen zu verstehen und angemessen zu berücksichtigen.

Wichtige zugeordnete Werte aus dem WELEX:

- Transparenz
- Kommunikation (ein begriffliches Wertesystem)
- Interesse
- Aufgeschlossenheit
- Offenheit
- Respekt
- Nachhaltigkeit
- Verantwortung
- Engagement

21.5 Transparenz und Berichterstattung

Ein Wertesystem, das auf Transparenz und Offenlegung basiert. Dies umfasst die Bereitstellung von relevanten Informationen über ESG-Praktiken, -Leistung und -Auswirkungen des Unternehmens.

Eine transparente Berichterstattung ermöglicht es Stakeholdern, die ESG-Bemühungen eines Unternehmens zu verstehen und deren Auswirkungen auf die Umwelt, die Gesellschaft und die Unternehmensführung zu beurteilen.

Wichtige zugeordnete Werte aus dem WELEX:

- Authentizität
- Offenheit
- Transparenz
- Kommunikation (ein begriffliches Wertesystem)
- Interesse
- Klarheit
- Ehrlichkeit

21.6 Menschlichkeit

Im Zusammenhang mit ESG spielt Menschlichkeit eine bedeutende Rolle. Menschlichkeit ist ein sog. „begriffliches[42]“ Wertesystem und bezieht sich auf die Wertschätzung und den Respekt für die Menschen in und um ein Unternehmen herum. Es geht um die Förderung von Wohlbefinden, sozialer Gerechtigkeit und Mitgefühl gegenüber Mitarbeitern, Kunden, Lieferanten und der Gesellschaft im Allgemeinen.

Im ESG-Kontext umfasst Menschlichkeit verschiedene Aspekte:

Menschlichkeit bedeutet, dass Unternehmen sich für die Sicherheit und Gesundheit ihrer Mitarbeiter einsetzen. Dies beinhaltet die Bereitstellung eines sicheren Arbeitsumfelds, die Förderung von Gesundheits- und Sicherheitsprogrammen sowie die Schaffung von Bedingungen, die das körperliche und geistige Wohlbefinden am Arbeitsplatz unterstützen.

[42] Vgl. die 5 Varianten von Wertesystemen unter https://www.values-academy.de/was-sind-wertesysteme/#Varianten-von-Wertesystemen

Menschlichkeit bedeutet auch, dass Unternehmen eine Kultur der Chancengleichheit und Vielfalt schaffen. Dies beinhaltet die Förderung von Inklusion, Gleichberechtigung und Diversität am Arbeitsplatz. Unternehmen sollten sicherstellen, dass alle Mitarbeiter unabhängig von Geschlecht, Alter, ethnischer Zugehörigkeit, sexueller Orientierung oder körperlicher Fähigkeit gleiche Chancen haben und respektvoll behandelt werden.

Durch die Schaffung eines inklusiven Arbeitsumfelds können Unternehmen von der Vielfalt der Erfahrungen, Perspektiven und Ideen profitieren.

Menschlichkeit bedeutet darüber hinaus, dass Unternehmen eine faire und verantwortungsbewusste Zusammenarbeit mit ihren Lieferanten anstreben. Dies beinhaltet die Einhaltung ethischer Standards, faire Handelspraktiken und die Achtung der Arbeitsbedingungen und Menschenrechte in der gesamten Lieferkette. Unternehmen sollten sicherstellen, dass ihre Lieferanten menschenwürdige Arbeitsbedingungen bieten und faire Löhne zahlen.

Wichtige zugeordnete Werte aus dem WELEX:

- Achtsamkeit
- Anerkennung
- Ehrlichkeit
- Empathie
- Fairness
- Freundlichkeit
- Fürsorglichkeit
- Gerechtigkeit
- Güte
- Herzlichkeit
- Hilfsbereitschaft

- Hingabe
- Nächstenliebe
- Teilen
- Toleranz
- Würde
- Zuneigung

Diese vorgenannten Wertesysteme und Werte sind entscheidend für eine ganzheitliche Integration von ESG in Unternehmen. Sie legen den Grundstein für verantwortungsvolles und nachhaltiges Handeln und schaffen eine Grundlage für langfristigen Erfolg und positive Auswirkungen auf die Umwelt, die Gesellschaft und die Unternehmensführung.

Unternehmen, die diese Wertesysteme und Werte aktiv leben und in ihre Geschäftspraktiken integrieren, können eine starke ESG-Performance erzielen und das Vertrauen ihrer Stakeholder gewinnen.

So sollten in Leitbildern und Mission Statements die dort oft verwendeten Begriffe wie Nachhaltigkeit und Verantwortung mit einigen oben aufgeführten konkret messbaren Werten bestückt werden. Anschließend sollten diese Werte in sogenannten Führungsleitlinien handlungsorientiert beschrieben werden. Dies ist der erste Schritt, um eine sinnstiftende interne und externe Kommunikation aufzubauen.

Ein gut ausgebildeter Wertemanager oder Wertecoach kann und sollte hierbei unterstützen.

22. Vorteile von wertebasiertem ESG

Die Integration bzw. das systemische Zusammenführen von *Unternehmenswerten* und *gesellschaftlichen Werten* ist nicht nur notwendig, sondern bietet zahlreiche Chancen und Möglichkeiten, im Dialog, das Thema Werte sozial und gesellschaftspolitisch zu platzieren.

Wertebasiertes ESG (hier als „WESG" abgekürzt) ermöglicht das intrinsische Motivieren von Wertvorstellungen und kann somit langfristig sowohl der Menschheit, dem einzelnen Menschen als auch der Wirtschaft eine Vielzahl von Vorteilen bringen:

22.1 Förderung der Nachhaltigkeit

WESG trägt dazu bei, eine nachhaltige Entwicklung zu fördern und die Umwelt zu schützen. Durch den Fokus auf Umweltaspekte wie Klimawandel, Ressourceneffizienz und erneuerbare Energien werden langfristig die natürlichen Ressourcen geschont und die Auswirkungen auf die Umwelt minimiert.

Das *wertebasierte* ESG wird dem klimatisch bedingten Wertewandel gerecht, zumal sich insbesondere Wertemanager und Wertecoaches intensiv mit Wertewandel[43] beschäftigen und Experten für Wandel jeglicher Art sein müssen.

22.2 Verbesserung des sozialen Engagements

WESG legt einen starken Fokus auf soziale Verantwortung und soziale Gerechtigkeit. Durch die Integration sozialer Aspekte wie Menschenrechte, Arbeitsbedingungen, Viel-

[43] Wertewandel: vgl. die chronologische Darstellung der Wertewandel in der Menschheitsgeschichte (inklusive die Herausforderungen des Klimawandels): https://www.values-academy.de/wertewandel-historisch/ und die Begriffsdefinition unter https://www.values-academy.de/wertewandel/

falt und Inklusion wird eine positive Auswirkung auf die Gesellschaft erzielt.

WESG fördert faire Arbeitspraktiken, den Schutz der Menschenrechte entlang der Wertschöpfungskette und die Förderung von Chancengleichheit. Dadurch werden langfristig soziale Ungleichheiten reduziert und das Wohlergehen der Menschen verbessert.

Somit können die **sozialen Werte (sWerte[44])**, wie beispielsweise **Anstand, Fairness, Hilfsbereitschaft, Mitgefühl, Nächstenliebe, Solidarität, Toleranz, Zuneigung**, von denen einige auch in manchen Leitbildern zu finden sind, tatsächlich und nachhaltig gelebt werden.

22.3 Steigerung der Unternehmensleistung

WESG-orientierte Unternehmen sind langfristig wirtschaftlich erfolgreicher. Durch eine bewusste Integration von „ESG-Werten" in die Geschäftsstrategie und -praktiken können Unternehmen Risiken minimieren, ihre Reputation stärken und neue Geschäftschancen erschließen.

ESG-Kriterien werden zunehmend von Investoren und Finanzinstitutionen berücksichtigt, was zu einer besseren Kapitalallokation und einem verbesserten Zugang zu Finanzmitteln führen kann. Eine ganzheitliche ESG-Integration kann auch die Innovationskraft des Unternehmens fördern, da Nachhaltigkeit und soziale Verantwortung neue Marktchancen und Kundenbedürfnisse aufdecken können.

Die bereits im sogenannten CSR[45] verankerten Werte, wie beispielsweise **Interesse, Transparenz, Verantwortung,**

---

[44] Vgl. https://www.values-academy.de/soziale-kompetenzen/

[45] CSR: „Corporate Social Responsibility"; vgl. auch https://www.values-academy.de/unternehmensethik/

Fairness, Aufmerksamkeit sowie die Wertesysteme **Demokratie, Kommunikation, Wertschätzung, Familie, Work-Life-Balance, Menschlichkeit, Erfolg und Wohlstand**, können durch *werteorientiertes* ESG besser aktiviert und zum Leben erweckt werden.

Das konkrete WESG, wie es in dieser Publikation beschrieben ist, kann der Menschheit als auch der „sozialen" Marktwirtschaft erhebliche Vorteile bringen. Es trägt zu einer nachhaltigen Entwicklung bei, verbessert die sozialen Bedingungen, steigert das Image von Organisationen (Firmen, Banken, staatliche Institutionen etc.).

Durch eine umfassende Integration von ESG-Prinzipien, welche auf klaren Werten basieren, können Unternehmen dazu beitragen, eine bessere Zukunft zu schaffen, die Lebensqualität nicht nur bewahrt, sondern in vielen Bereichen sogar verbessert.

22.4 Merkmale ethischer Unternehmen

Wenn Unternehmenskultur einen sehr hohen Anspruch hat und dabei konkret auf gesellschaftliche Verantwortung überprüft werden soll, sprechen wir von „Unternehmensethik". Sie ist eine grundlegende Disziplin bei der Wertearbeit in Organisationen, da es sich direkt mit dem wertesystemisch wichtigem Themenspektrum von „CSR" verknüpfen lässt.

Der Begriff Kultur wird wie der Begriff Change (Wandel) eher unachtsam sowie mit unterschiedlichen Bedeutungen benutzt und behandelt meist nur das Phänomen bzw. die Symptome. Beim Begriff Ethik wird es schon konkreter, wenn wir uns die Definition des Begriffs genauer anschauen, vor allem im Sinne von „tatsächlich und wirksam Verantwortung zu übernehmen".

Definition Unternehmensethik

Der Begriff Unternehmensethik beschreibt ein soziales und verantwortungsbewusstes Verhalten von Unternehmen, wobei die ethischen Verhaltensweisen zumeist im Ziel, den Leitsätzen (Grundwerte) und Leitbildern festgeschrieben sind. Globale

Nachhaltigkeit ist Maßgabe und verpflichtet alle Mitarbeiter und Lieferanten sich bestmöglich darauf auszurichten.

Mit einer Checkliste kann man den Grad der Ethik in einer Organisation begutachten und systematisch messen. Diese Checkliste kann hier eingesehen werden.

Checkliste Unternehmensethik

Eine tatsächlich und vollständig gelebte Unternehmensethik ist an folgenden Merkmalen zu erkennen:

1. Interessierte Haltung gegenüber gesellschaftlichen und globalen Herausforderungen.
2. In den Grundsätzen des Unternehmens ist differenzierend definiert, was „gut und böse" ist und was dies für das eigene Entscheiden und Handeln bedeutet.
3. Soziales Verhalten gegenüber Mitarbeiter und deren Familien, durch Förderung und optimale Positionierung.
4. Faires Verhalten gegenüber Lieferanten, durch klare Briefings, angemessene und pünktliche Bezahlung sowie partnerschaftliche Kommunikation auf gleicher Augenhöhe.
5. Alle Produkte und Dienstleistungen sind maximal unschädlich – bestenfalls zuträglich – für den Lebensraum aller Individuen.
6. Die gesamte Wertschöpfungskette (auch bei Lieferanten und Wiederverkäufer) ist ökologisch nachhaltig.
7. Alle Lieferanten und Sub-Dienstleister haben eine zuträgliche ethische und menschliche Gesinnung.
8. Die Prinzipien aus der Wertethik finden konkrete Aufmerksamkeit und Anwendung.
9. Die Gehälter und Tantiemen der oberen Hierarchie-Ebenen sind angemessen, transparent und allgemein akzeptiert.
10. Die Gehälter bzw. Löhne der unteren Hierarchie-Ebenen sind ausreichend, um eine standesgemäße Lebensqualität zu gewährleisten.

11. Der Profit steht nicht an erster Stelle – er ist zwar logischer Zweck, folgt aber stets den gesellschaftlich wertvollen Zielen des Unternehmens.
12. Juristische Auseinandersetzungen werden in den meisten Fällen (über 80%) durch Mediationen gelöst.
13. Das Risikomanagement beinhaltet das präventive Abwenden von Schäden für Menschen und Umwelt, welche aus dem eigenen Handeln resultieren könnten.
14. Das Unternehmen ist moralisches Vorbild für andere und damit willentlicher Teil eines konstruktiven Wertewandels in der Gesellschaft.

Alle Punkte sollten regelmäßig gemessen und benotet (gewertet) werden. Zum Beispiel mit Prozentpunkten (0 bis 100%) oder Skala 1 bis 10 oder pragmatisch mit Schulnoten.

Sodann kann das Wertemanagement an der Optimierung einzelner Punkte (Bereiche) arbeiten und dabei bestenfalls mit der Unternehmensführung, Human Resources und/oder dem Qualitätsmanagement bzw. Erwartungsmanagement interagieren.[46]

[46] Quelle: Der obige Abschnitt ist in Teilen zitiert aus: https://www.values-academy.de/unternehmensethik/

23. Fazit

Abschließend lässt sich sagen, dass ein **wertebasiertes ESG** (WESG) eine starke Grundlage für nachhaltiges und verantwortungsbewusstes Handeln von Unternehmen darstellt. Durch die systematische Integration von Werten in den ESG-Ansatz können Unternehmen eine positive sowie konstruktivistische Unternehmenskultur schaffen, die auf Integrität, Menschlichkeit, Umweltschutz und verantwortungsbewusster Unternehmensführung basiert.

Ein Kern von gut gemachter Wertearbeit ist, dass der Mensch kein Objekt, sondern ein Subjekt ist – und zwar jeder Mensch.

Ein weitsichtiges und deutlich sichtbar mit Werten bestücktes ESG ermöglicht es Unternehmen, über finanzielle Leistung hinauszugehen und langfristigen Erfolg zu erreichen. Es fördert insbesondere durch bewusste Wertearbeit den Schutz der Umwelt, verbessert die sozialen Bedingungen und stärkt die Glaubwürdigkeit und das Vertrauen der Stakeholder.
Darüber hinaus bieten an ESG angelehnte Werte die Möglichkeit, sich von Wettbewerbern abzuheben, neue Marktchancen zu erschließen und ihre Resilienz gegenüber sich ändernden wirtschaftlichen und sozialen Bedingungen zu stärken.

Die konsequente Umsetzung von wertebasiertem ESG erfordert Engagement und kontinuierliches Handeln auf allen Ebenen eines Unternehmens. Dabei spielt die Wertearbeit eine entscheidende Rolle, um die definierten Werte zu leben, sie in die Unternehmenspraktiken zu integrieren und sie durch Coaching, Schulungen, Kommunikation und Stakeholder-Engagement zu fördern.

Insgesamt kann ein ESG, das Wertearbeit konsequent als wichtige Unterdisziplin ansieht, einen positiven Beitrag zur Gesellschaft, zur Umwelt und zur wirtschaftlichen Stabilität leisten. Es ist ein gangbarer Weg, um eine nachhaltige Entwicklung voranzutreiben, und eine bessere Zukunft für alle zu schaffen.

Und: Die Haltung macht den Unterschied.

Auch wenn wir wissen, dass „Führer auf Zeit" nur in Amtszeiten oder Legislaturperioden denken und deswegen ihre tatsächliche soziale Verantwortung nur diesem Zeitfenster anpassen, bietet das **verpflichtende** ESG eine gute Chance, diese Zeitspanne kräftig auszudehnen.

Und vielleicht wird dadurch eine neue Generation von wertschätzenden und empathischen Führungskräften geformt, von denen die Mehrzahl fähig sein wird, sich menschlich und verantwortungsbewusst zu verhalten.

Gerne wollen wir mit diesem Buch und der Website www.esg21.de einen Beitrag dazu leisten.

Zitate

„ESG ist nicht nur eine Modeerscheinung. Es ist eine notwendige Reaktion auf die wachsende Erkenntnis, dass Umwelt-, Sozial- und Governance-Themen grundlegend mit der Unternehmensleistung und der langfristigen Wertschöpfung verknüpft sind.“
Larry Fink, CEO von BlackRock

„Langfristig werden ESG-Faktoren – vom Klimawandel über Diversität bis hin zur Effektivität des Vorstands – die Unternehmensrentabilität und die Anlegerrenditen steigern.“
Mark Carney, ehemaliger Gouverneur der Bank of England

„Bei ESG geht es nicht darum, Gutes um des Guten willen zu tun. Es geht darum, durch die Berücksichtigung der Umwelt-, Sozial- und Governance-Risiken und -Chancen, die sich auf die Unternehmensleistung auswirken, langfristigen Wert zu schaffen."
Mary Schapiro, ehemalige Vorsitzende der US-amerikanischen Börsenaufsichtsbehörde Securities and Exchange Commission

„ESG-Faktoren sind nicht nur „nice to have"-Elemente beim Investieren, sie werden zunehmend als wesentlich für die Anlageanalyse und Entscheidungsfindung anerkannt."
Hiro Mizuno, ehemaliger Chief Investment Officer des Government Pension Investment Fund of Japan

„ESG-Kriterien sind kein Nischenthema mehr, sondern ein wesentlicher Bestandteil der unternehmerischen Verantwortung und eine Quelle für nachhaltigen Unternehmenserfolg."
Prof. Dr. Ernst Fehr, Ökonom und Verhaltensforscher

„Der europäische Grüne Deal ist unsere neue Wachstumsstrategie. Er wird es uns ermöglichen, die Emissionen zu senken und gleichzeitig Arbeitsplätze zu schaffen."
Ursula von der Leyen, als Präsidentin der Europäischen Kommission am 11. Dezember 2019

Anhang

24. Kritik an ESG

Es gibt auch Kritik an ESG. Dies bedeutet allerdings nicht, dass ESG insgesamt gesehen keine gute Idee und unwirksam oder irrelevant ist. Vielmehr verdeutlichen sie die Herausforderungen und Verbesserungspotenziale bei der Umsetzung und Anwendung von ESG-Kriterien. Unternehmen und Investoren sollten sich bewusst sein, dass ESG kein Allheilmittel ist, sondern eine Reihe von Risiken und Chancen umfasst, die sorgfältig abgewogen werden sollten.

Hier betrachten wir einige der häufigsten Kritikpunkte:

24.1 Mangelnde Standardisierung und einheitliche Definitionen

Es gibt derzeit keine einheitlichen Standards oder Definitionen für ESG, was zu Uneinheitlichkeit und Verwirrung führen kann. Dies kann die Vergleichbarkeit von ESG-Metriken und -Berichten erschweren und die Effektivität der ESG-Analyse und -Bewertung beeinträchtigen.

24.2 Greenwashing

Einige Unternehmen könnten ESG als Marketinginstrument nutzen, ohne tatsächlich substanzielle Veränderungen in ihren Geschäftspraktiken vorzunehmen. Dies wird als „Greenwashing" bezeichnet und kann dazu führen, dass Unternehmen ihre ESG-Performance überbetonen, um ein positives Image zu vermitteln, ohne dass dies mit konkreten Maßnahmen und Ergebnissen verbunden ist.

24.3 Datenqualität und -verfügbarkeit

Die Verfügbarkeit und Qualität von ESG-Daten kann eine Herausforderung darstellen. Es gibt oft eine begrenzte Transparenz und Standardisierung in Bezug auf die Berichterstattung von ESG-Daten durch Unternehmen. Dies erschwert es Investoren und anderen Stakeholdern, fundierte Entscheidungen auf der Grundlage soliderer und vergleichbarer Informationen zu treffen.

24.4 Überlappung und Redundanz

Einige Kritiker argumentieren, dass es zu einer Überlappung und Redundanz zwischen ESG-Faktoren kommen kann. Zum Beispiel könnten bestimmte Umweltkriterien bereits in sozialen Faktoren enthalten sein. Dies könnte zu einer unnötigen Komplexität und Doppelarbeit führen, sowohl für Unternehmen bei der Berichterstattung als auch für Investoren bei der Analyse.

24.5 Fehlende eindeutige Kausalität

Einige Kritiker bemängeln, dass es schwierig sein kann, eine direkte kausale Verbindung zwischen ESG-Faktoren und finanzieller Performance herzustellen. Es kann eine Herausforderung sein, den genauen Beitrag von ESG-Faktoren zur finanziellen Rentabilität eines Unternehmens zu quantifizieren und zu isolieren, da es viele andere Einflussfaktoren gibt, die ebenfalls eine Rolle spielen können.

24.6 Begrenzte regulatorische Durchsetzung

Obwohl es eine Zunahme regulatorischer Vorschriften im Zusammenhang mit ESG gibt, gibt es immer noch Bedenken hinsichtlich der Durchsetzung und der Sanktionen bei Nichteinhaltung. Einige Kritiker argumentieren, dass strengere und einheitlichere Vorschriften erforderlich seien, um sicherzustellen, dass Unternehmen tatsächlich verantwortungsbewusst handeln.

25. Auszug aus der Richtlinie der EU

Amtsblatt der Europäischen Union L 322/15 (16.12.2022)

RICHTLINIE (EU) 2022/2464 DES EUROPÄISCHEN PARLAMENTS UND DES RATES vom 14. Dezember 2022 zur Änderung der Verordnung (EU) Nr. 537/2014 und der Richtlinien 2004/109/EG, 2006/43/EG und 2013/34/EU hinsichtlich der Nachhaltigkeitsberichterstattung von Unternehmen (Text von Bedeutung für den EWR)

DAS EUROPÄISCHE PARLAMENT UND DER RAT DER EUROPÄISCHEN UNION — gestützt auf den Vertrag über die Arbeitsweise der Europäischen Union, insbesondere auf die Artikel 50 und 114, auf Vorschlag der Europäischen Kommission, nach Zuleitung des Entwurfs des Gesetzgebungsakts an die nationalen Parlamente, nach Stellungnahme des Europäischen Wirtschafts- und Sozialausschusses (1)[47], gemäß dem ordentlichen Gesetzgebungsverfahren (2)[48], in Erwägung nachstehender Gründe:

Abschnitt (2):

[...] Mit der Verordnung (EU) 2020/852 des Europäischen Parlaments und des Rates (6)[49] wird ein Klassifikationssystem für ökologisch nachhaltige Wirtschaftstätigkeiten geschaffen, um nachhaltige Investitionen zu fördern und gegen das „Greenwashing" von zu Unrecht als nachhaltig dargestellten Finanzprodukten vorzugehen. Mit der Verordnung (EU) 2019/2089 des Europäischen

[47] ABl. C 517 vom 22.12.2021, S. 51.

[48] Standpunkt des Europäischen Parlaments vom 10. November 2022 (noch nicht im Amtsblatt veröffentlicht) und Beschluss des Rates vom 28. November 2022.

[49] Verordnung (EU) 2020/852 des Europäischen Parlaments und des Rates vom 18. Juni 2020 über die Einrichtung eines Rahmens zur Erleichterung nachhaltiger Investitionen und zur Änderung der Verordnung (EU) 2019/2088 (ABl. L 198 vom 22.6.2020, S. 13).

Parlaments und des Rates (7)[50], ergänzt durch die Delegierten Verordnungen (EU) 2020/1816 (8)[51], (EU) 2020/1817 (9)[52] und (EU) 2020/1818 (10)[53] der Kommission, werden **Offenlegungsanforderungen für Referenzwert-Administratoren im Hinblick auf Umwelt-, Sozial- und Governance-Faktoren (ESG)** sowie Mindeststandards für EU-Referenzwerte für den klimabedingten Wandel und für Paris-abgestimmte EU-Referenzwerte eingeführt.

Nach der Verordnung (EU) Nr. 575/2013 des Europäischen Parlaments und des Rates (11)[54] **müssen große Institute, die zum Handel an einem geregelten Markt zugelassene Wertpapiere emittiert haben, ab dem 28. Juni 2022 Informationen zu ESG-Risiken offenlegen**. Der mit der Verordnung (EU) 2019/2033 des Europäischen Parlaments und des Rates (12)[55] und der Richtlinie

---

[50] Verordnung (EU) 2019/2089 des Europäischen Parlaments und des Rates vom 27. November 2019 zur Änderung der Verordnung (EU) 2016/1011 hinsichtlich EU-Referenzwerten für den klimabedingten Wandel, hinsichtlich auf das Übereinkommen von Paris abgestimmter EU-Referenzwerte sowie hinsichtlich nachhaltigkeitsbezogener Offenlegungen für Referenzwerte (ABl. L 317 vom 9.12.2019, S. 17).

[51] Delegierte Verordnung (EU) 2020/1816 der Kommission vom 17. Juli 2020 zur Ergänzung der Verordnung (EU) 2016/1011 des Europäischen Parlaments und des Rates hinsichtlich der Erläuterung in der Referenzwert-Erklärung, wie Umwelt-, Sozial- und Governance-Faktoren in den einzelnen Referenzwerten, die zur Verfügung gestellt und veröffentlicht werden, berücksichtigt werden (ABl. L 406 vom 3.12.2020, S. 1)

[52] Delegierte Verordnung (EU) 2020/1817 der Kommission vom 17. Juli 2020 zur Ergänzung der Verordnung (EU) 2016/1011 des Europäischen Parlaments und des Rates hinsichtlich des Mindestinhalts der Erläuterung, wie Umwelt-, Sozial- und GovernanceFaktoren in der Referenzwert-Methodik berücksichtigt werden (ABl. L 406 vom 3.12.2020, S. 12).

[53] Delegierte Verordnung (EU) 2020/1818 der Kommission vom 17. Juli 2020 zur Ergänzung der Verordnung (EU) 2016/1011 des Europäischen Parlaments und des Rates im Hinblick auf Mindeststandards für EU-Referenzwerte für den klimabedingten Wandel und für Paris-abgestimmte EU-Referenzwerte (ABl. L 406 vom 3.12.2020, S. 17).

[54] Verordnung (EU) Nr. 575/2013 des Europäischen Parlaments und des Rates vom 26. Juni 2013 über Aufsichtsanforderungen an Kreditinstitute und zur Änderung der Verordnung (EU) Nr. 648/2012 (ABl. L 176 vom 27.6.2013, S. 1).

[55] Verordnung (EU) 2019/2033 des Europäischen Parlaments und des Rates vom 27. November 2019 über Aufsichtsanforderungen an Wertpapierfirmen und zur Änderung der Verordnungen (EU) Nr. 1093/2010, (EU) Nr. 575/2013, (EU) Nr. 600/2014 und (EU) Nr. 806/2014 (ABl. L 314 vom 5.12.2019, S. 1).

(EU) 2019/2034 des Europäischen Parlaments und des Rates (13)[56] geschaffene Aufsichtsrahmen für Wertpapierfirmen enthält Bestimmungen zur Einbeziehung von ESG-Risiken in den Prozess der aufsichtlichen Überprüfung und Bewertung (Supervisory Review and Evaluation Process, SREP) durch die zuständigen Behörden sowie Anforderungen bezüglich der Offenlegung von ESG-Risiken durch Wertpapierfirmen, die ab dem 26. Dezember 2022 gelten. Am 6. Juli 2021 verabschiedete die Kommission außerdem einen Vorschlag für eine Verordnung des Europäischen Parlaments und des Rates über europäische grüne Anleihen, womit dem Aktionsplan zur Finanzierung nachhaltigen Wachstums Folge geleistet werden soll.

[56] Richtlinie (EU) 2019/2034 des Europäischen Parlaments und des Rates vom 27. November 2019 über die Beaufsichtigung von Wertpapierfirmen und zur Änderung der Richtlinien 2002/87/EG, 2009/65/EG, 2011/61/EU, 2013/36/EU, 2014/59/EU und 2014/65/EU (ABl. L 314 vom 5.12.2019, S. 64).

26. Verweise und Links

Verweise und Links zum Thema ESG allgemein und insbesondere zur Einführung von ESG.

26.1 Amtsblatt der Europäischen Union L 322/15 (Richtlinie)

https://www.values-academy.de/wp-content/uploads/2023/06/CELEX_32022L2464_DE_TXT.pdf

26.2 Corporate Sustainability Reporting Directive (CSRD)

Die neue EU-Richtlinie zur Unternehmens-Nachhaltigkeitsberichterstattung im Überblick:

https://www.csr-in-deutschland.de/DE/CSR-Allgemein/CSR-Politik/CSR-in-der-EU/Corporate-Sustainability-Reporting-Directive/corporate-sustainability-reporting-directive-art.html

26.3 Sozialunternehmertum – Transformationskraft für eine sozial-solidarische Wirtschaft

Studie, Unternehmensporträts und Lesebuch. Herausgeberin: Anny-Klawa-Morf Stiftung, Bern:

https://www.values-academy.de/wp-content/uploads/2023/06/AKM_Studie_Sozialunternehmertum_Okt.2020_Web.pdf

26.4 Ausgesuchte Videos, die das Thema ESG informell aufgreifen.

https://esg21.de/videotipps/

Wichtiger Hinweis:

Weitere Verweise werden auf der begleitenden Website www.esg21.de veröffentlicht.

Direktlink: https://esg21.de/verweise/

Stichwortverzeichnis